미래를 읽다 과학이슈 11

Season 3

미래를 읽다 과학이슈 11 Season **3**

3판 1쇄 발행 2021년 5월 1일

글쓴이 최순욱 외 11명
펴낸이 이경민

펴낸곳 ㈜동아엠앤비
출판등록 2014년 3월 28일(제25100-2014-000025호)
주소 (03737) 서울특별시 서대문구 충정로 35-17 인촌빌딩 1층
전화 (편집) 02-392-6901 (마케팅) 02-392-6900
팩스 02-392-6902
이메일 damnb0401@naver.com
SNS 🇫 📷 🄱🄻🄾🄶

ISBN 979-11-6363-387-7 (04400)

미래를 읽다
과학이슈 11
Season 3

최순욱 외 11명 지음

동아 엠앤비

에볼라에서 싱크홀까지 최신 과학이슈를 말하다!

1976년 아프리카 콩고의 에볼라 강에서 발견된 바이러스가 2013년 12월을 시작으로 전세계를 떨게 하고 있다. 세계보건기구가 2009년 신종플루 사태와 2014년 5월 소아마비 재발 사태에 이어 2014년 8월 세 번째 비상사태를 선포했다. 에볼라는 풍토병(endemic)이었지만, 유행병(epidemic)을 넘어 대유행병(pandemic)으로 발전할지 세계가 주목하고 있다.

2014년 4월 16일, 우리나라는 커다란 충격에 빠졌다. 대형 여객선 세월호가 침몰하면서 300명이 넘는 사망자가 발생한 대형참사가 일어난 것이다. 배가 물에 뜨고 비행기가 하늘을 나는 것이 과학기술의 발전으로 가능한 것인데, 크고 작은 사고는 왜 끊이지 않는가!

2011년 『청소년이 꼭 알아야 할 과학이슈11 시즌1』을 시작으로 2013년 『청소년이 꼭 알아야 할 과학이슈11 시즌2』에 이어 2015년 『청소년이 꼭 알아야 할 과학이슈11 시즌3』를 내놓는다. 그동안 과학이슈11 시즌1과 시즌2는 과학기술인들이나 관심을 가지는 〈과학기술 10대 뉴스〉를 벗어나 학생들과 일반인들에게 최고의 화제가 되었던 과학계의 핫이슈를 소개하며 5만 부 이상 팔리는 베스트셀러가 됐다.

특히 이번 시즌3에서는 DNA 이중나선구조 발견 60년을 기념하여 개인게놈 시대를 조명했고, 힉스입자 확인으로 소립자에 대한 궁금증 풀어보았다. 또한 나로호 발사 성공 이후 중국과 일본 등 아시아 국가들의 우주개발 경쟁, 서울 한복판에서 공포에 떨게 했던 싱크홀, 진주에 떨어진 운석, 끊임없이 진화해 가는 공룡 연구, 2014년 최고의 핫이슈로 떠올랐던 사물인터넷, 거대하고 정교한 방향으로 발전하던 로봇이 작고 단순화되는 쪽으로 방향을 바꾼 군집로봇, 그리고 제1차 세계대전 100주년을 맞아 인간은 왜 전쟁을 하는지에 대한 이슈가 선정되었다.

과학이슈의 선정은 국내 과학잡지의 편집장과 기자, 일간지의 과학전문기자, 학계의 교수와 연구자, 과학저술가 및 과학칼럼니스트들이 과학이슈의 후보를 제안하고 의견을 모아 10가지를 선정한다. 그리고 정확히 과학 분야는 아니지만 사회 전반적으로 화제가 됐던 이슈를 하나 더 추가하는 방식으로 진행된다. 이번 시즌3의 경우는 세월호 참사와 관련하여 '대형참사'가 선정되었다. 과학이슈에 대한 집필도 이슈 선정에 도움을 준 각 분야의 전문 연구자, 전문 기자, 과학칼럼니스트들이 직접 이슈에 대해 분석하고 배경지식과 전문지식을 담아 집필하고자 노력했다.

과학기술과 관련해 일어났던 커다란 이슈들에 관심을 가져보자. 알면 알수록 생각이 깊어지고 시야가 넓어진다. 사회적으로 이슈가 되었던 과학기술에 대해 배경지식과 전문지식을 갖춘다면 사회를 이해하거나 과학기술이 사회에 미치는 영향도 눈에 들어오게 된다. 그래야 무엇이 옳은지 그른지 판단할 수 있는 것이다. 이제부터 2013~2014년 화제가 되었던 11가지 과학이슈에 대해 하나씩 알아보자. 과학이슈들이 우리의 삶과 행동을 어떻게 바꾸는지, 인류의 미래에 어떤 변화를 가져오는지 다함께 생각해 보았으면 한다.

2015년 2월 편집부

목 차

사물 인터넷

최순욱

대학에서 신문방송학을 전공한 뒤 전자신문과 매일경제신문에서 약 6년 간 IT 분야 전문 기자로 활동했다. 현재 언론정보학을 공부중이며, 칼럼니스트로도 활동하고 있다. 저서로는 『인터넷에 관한 몇 가지 진실과 오해』, 『훤히 보이는 신재생에너지』(공저), 『북유럽 신화 여행: 인간보다 더 인간적인 신들의 이야기』 등이 있다.

©동아사이언스

실생활로 들어온 사이보그 세상, 부작용은?

사물인터넷

"우리 팀 기술자들이 마침내 (승리의) 암호를 해독했다."

2013년 가을, '물 위의 F1'이라 불리는 제34회 아메리카컵 요트대회가 끝난 직후, 래리 앨리슨 오라클 최고경영자(CEO)는 한껏 뻐기며 이렇게 말했다. 그럴 만했다. 그가 사실상 소유한 '오라클 팀USA'가 결승에서 1대 8로 뒤지고 있다가 막판 8연승을 거두며 최종 우승이라는 대역전극을 연출했기 때문이다.

하지만 "돈으로 산 트로피"라고 비아냥거리는 사람도 많았다. 그 역시 그럴 만했다. 경기 당시 이 팀은 요트 곳곳에 달린 400개 이상의 센서에서 풍속, 풍향, 돛대 상태, 물살 저항 등의 정보를 모은 뒤 무선인터넷을 통해 컴퓨터로 보내 분석하고, 그 결과를 다시 요트의 태블릿 PC나 선수들이 찬 스마트워치로 전송했다. 분석 결과를 바탕으로 최적의 조종법을 도출한 것이다. 요트광으로 유명한 앨리슨은 이 대회에 최대 5억 달러를 쏟아 부은 것으로 알려졌다.

오라클 팀USA는 2013년
아메리카컵 요트대회에서
우승을 차지했다.
이 팀의 요트에 설치된
400개 이상의 센서가
항해 정보를 분석해 선수들의
스마트워치로 전송해,
선수들에게 도움을 줬다.

갑자기 요트대회 얘기를 꺼낸 건 '사물인터넷'에 대해 이야기하기 위해서다. 사물인터넷은 2014년 우리나라 과학·기술계에서 가장 주목 받은 용어 중 하나다. 사물인터넷에 대한 급작스런 관심을 불러일으킨 장본인은 바로 박근혜 대통령이다.

박 대통령은 2014년 1월에 열린 '과학기술·정보방송통신인 신년 인사회'와 '제44차 세계경제포럼(다보스포럼)'에서 사물인터넷 산업 육성을 강조했다. 신년 연설에서는 "창조경제의 결실을 거두기 위해서 사물인터넷, 빅데이터, 3D 프린터 등 신산업의 발전이 중요하다"고 말했다. 발족한 지 1년도 넘은 미래창조과학부가 '창조경제'가 무엇인지 공부만 하고 있는 상황에서 창조경제의 창시자이자 주창자가 연거푸 사물인터넷을 언급한 것이다. 이쯤 되면 과학·기술계에 종사하는 사람이 아니더라도 사물인터넷이 창조경제의 핵심 인프라나 기술이 될 것인지, 만일 그렇다면 우리나라에 사물인터넷을 언제까지, 어떻게 도입할 것인지, 그 과정에 얼마의 비용이 투입되고 어떤 편익이 산출될 것인지 관심을 가질 수밖에 없다. 심지어 최근에는 정체도 불분명한 사물인터넷 테마주들의 주가가 급등하고 있다는 보도마저 나오고 있다. 대체 사물인터넷이란 무엇인가?

실생활로 들어온 사물인터넷

머지 않아 거실, 방, 사무실의 모든 기기에는 초소형 컴퓨터가 삽입될 것이다. 각각의 사물들은 자신의 위치에서 필요한 정보를 모으고 분석해 사용자에게 보낸다. 사용자는 이 정보를 기반으로 편리하게 살아갈 수 있다. 그렇지만 개인의 모든 정보가 해킹, 기업의 마케팅, 정부의 통제 등에 악용될 우려도 있다.

공조 센서
실내 공기가 항상 쾌적하도록 조절한다.

환경 센서
온도, 공기정화 정도를 측정해 보고한다.

조명 센서
절전하면서도 최적의 조명을 알려준다.

셋톱박스
사용자가 선호하는 채널과 방송을 녹화하거나 틀어준다.

사물인터넷의 개념

사실 사물인터넷은 최근 1~2년 사이에 등장한 아주 새로운 개념은 아니다. 하지만 등장 이래 현재까지 이론적, 기술적으로 계속 보완되고 있기 때문에 공인된 표준적인 정의가 없는 것도 사실이다. 그렇기 때문에 우리는 사물인터넷에 대한 여러 설명을 비교하고 그중 공통적인 요소를 종합해 사물인터넷의 개념을 이해해야 한다.

사물인터넷이라는 용어를 처음 사용한 사람은 P&G의 연구원이었던 케빈 애쉬톤이다. 그는 1999년 "RFID(전자태그)와 기타 센서를 일상의 사물(Things)에 탑재하면 사물인터넷이 구축될 것"이라고 말했다. 사람이 개입하지 않아도 사물들끼리 알아서 정보를 교환할 수 있

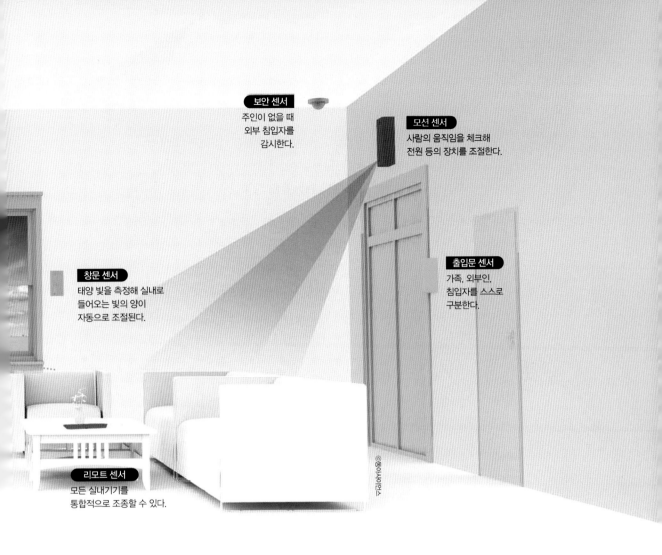

보안 센서
주인이 없을 때 외부 침입자를 감시한다.

모션 센서
사람의 움직임을 체크해 전원 등의 장치를 조절한다.

창문 센서
태양 빛을 측정해 실내로 들어오는 빛의 양이 자동으로 조절된다.

출입문 센서
가족, 외부인, 침입자를 스스로 구분한다.

리모트 센서
모든 실내기기를 통합적으로 조종할 수 있다.

게 된다는 뜻이다. 좀 더 구체적인 설명은 유럽연합(EU)의 공동연구 프로젝트인 카사그라스(CASAGRAS)에서 찾을 수 있다. 여기서는 사물인터넷을 '데이터 캡처 및 통신 기능의 가용성을 활용해 물리적 객체 및 가상 객체를 연결하는 글로벌 네트워크 인프라로 이 인프라는 기존의 인터넷을 포함한다'고 정의하고 있다. EU의 다른 프로젝트인 서프(CERP)에서는 사물인터넷이 '지능형 인터페이스를 통해 사물들이 서로 커뮤니케이션함으로써 자율성과 역동성을 갖춘, 인터넷에 통합된 글로벌 네트워크 인프라'임을 강조하고 있다. 이런 설명들을 모아보면 사물인터넷의 개념은 "지능형 인터페이스를 갖춘 개별적인 사물

(Things)들이 각자 생성한 정보를 인터넷(Internet)을 통해 공유하고 상호작용하는 전 세계적, 국지적 네트워크" 정도로 정리된다.

사물인터넷과 혼동되는 개념들도 많다. 예를 들어 '유비쿼터스(Ubiquitous) 컴퓨팅', 'M2M(Machine to Machine)'이 그렇다. '사물지능통신'이라고도 불리는 M2M은 모든 사물에 센서와 통신 기능을 넣어 지능적으로 정보를 수집하고 상호 전달하는 네트워크 또는 기술을 의미한다. 언뜻 사물인터넷과 같아 보이지만 사물인터넷은 M2M이 인터넷 구조에 적용된 것으로 현실 세계와 가상 세계의 사물들이 모두 상호작용할 수 있는 차세대 인터넷 환경을 의미한다는 점에서 차이가 있다.

유비쿼터스 컴퓨팅은 구체적인 기술이나 서비스를 의미하는 것이 아니라 사용자가 컴퓨터나 네트워크를 의식하지 않고 장소에 상관없이 자유롭게 네트워크에 접속할 수 있는 환경을 구축하려는 정보기술 '패러다임'을 의미한다. 즉, 사물인터넷은 유비쿼터스 컴퓨팅이라는 패러다임, 또는 이상을 지향하는 기술의 총체이자 구현된 환경인 것이다.

사물인터넷

앗조리(Atzori)나 거비(Gubbi) 등의 학자들은 사물인터넷의 개념을 크게 사물 중심, 인터넷 중심, 시맨틱(Semantic) 중심의 세 가지 측면에서 살펴볼 수 있다고 주장했다. 사물 중심의 관점에서는 탑재된 RFID나 다양한 근접통신기술을 통해 사물을 인식하고 그것의 위치를 추적함으로써 다양한 서비스를 만들어내는 데 집중한다. 인터넷 중심의 관점에서는 모든 사물이 언제 어디서나, 누구에게나 연결될 수 있는 네트워크를 구성하고 운영하는 데 초점을 맞춘다. 시맨틱은 전달하는 정보의 뜻을 이해하고, 여기에 기반해서 논리적인 판단을 할 수 있는 지능형 웹을 말하는데, 시맨틱 중심의 관점은 사물인터넷에서 생성되고 전달되는 어마어마한 양의 데이터와 정보를 저장, 검출, 해석, 전달하는 것을 사물인터넷의 핵심으로 간주한다. 하지만 실제 사물인터넷은 세 관점의 요구사항들을 모두 일정한 수준 이상으로 만족시킴으로써 구현된다.

사물인터넷 구현 사례

사실 이런 설명보다 실제로 이미 사물인터넷을 구현한, 또는 구현하려는 사례를 살펴보는 게 사물인터넷을 이해하는 데 더 도움이 될 수도 있다. 오라클 팀USA가 바로 사물인터넷이 무엇인지 알려주는 대표적인 사례다.

세계 최대 물류업체인 페덱스는 '센스어웨어(SenseAware)'라는 시스템을 활용중이다. 배송 물품이나 박스에 센서를 장착, 온도나 위치 등의 다양한 배송정보를 추적, 기록하고 이를 배송을 의뢰한 고객에도 공개한다. 업무효율성을 높일 수 있을뿐더러 페덱스의 물류서비스에 대한 고객 신뢰 향상에도 도움이 된다는 평가다.

2014년 TV로 방영된 SK텔레콤의 광고도 사물인터넷으로 어떤 일을 할 수 있는지 잘 보여준다. 이 광고는 사물인터넷으로 구축할 수 있는 4개 시스템의 예를 들었는데, 자동차가 스스로 감지한 기상 상황 정보를 인터넷을 통해 운전자의 스마트폰으로 전송하는 시스템, CCTV를 통해 행인의 존재를 확인하고 가로등의 밝기를 높이는 시스템, 일정 시간 동안 동작감지 센서에 아무 움직임이 포착되지 않으면 자동으로 사무실의 전등을 끄는 시스템, 비닐하우스에 부착된 센서로 하우스 상황을 감지하고 자동으로 온도와 습도를 조절한 뒤 이를 관리자의 태블릿PC로 전송하는 시스템이 바로 그것이다.

SK텔레콤 광고

미국의 매사추세츠 공과대학(MIT)에서는 기숙사 화장실과 세탁실에 센서를 설치하고 인터넷으로 화장실 칸마다 사용자가 있는지, 어떤 세탁기가 작동되고 있는지를 기숙사 정보망을 통해 학생들에게 실시간으로 전송하는 서비스를 제공 중이다.

바르셀로나 시(市)정부는 2013년부터 사물인터넷 기술을 이용해 주차 공간을 찾아주는 스마트 주차 서비스를 운영 중이다. 먼저 아스팔트 바닥의 센서가 주차 공간에 차가 있는지 없는지를 감지한다. 이 신호는 주변의 와이파이(Wi-fi) 가로등에 전달돼 차가 주차 공간에 있는지

여부가 즉시 데이터센터에 전달된다. 마지막으로 이 신호는 스마트폰 애플리케이션인 '파커(Parker)'에 반영돼 스마트폰 사용자는 언제 어디서든 사용할 수 있는 주차 공간을 실시간으로 확인할 수 있다.

의료, 헬스케어 분야에서도 사물인터넷 구현 사례가 늘어나고 있다. 프랑스의 시티즌 사이언스(Cityzen Sciences)는 수십 개의 센서가 신체 부위별로 나뉘어 부착된 기능성 운동복을 선보였다. 이 센서들은 착용자의 체온, 박동수, 이동속도, 위치정보를 실시간으로 측정해 지속적으로 스마트폰 화면에 띄워준다. 운동에 따른 착용자의 신체와 주변의 상태 변화를 즉각적으로 측정할 수 있는 것이다.

사물인터넷을 구축하기 위한 기술

이런 사물인터넷 환경, 시스템을 실제로 구축하는 건 쉬운 일이 아니다. 보통 업계에서는 사물인터넷을 구현하기 위한 핵심 기술 요소로 센싱, 유무선 통신 및 네트워크 인프라, 서비스 인터페이스 등을 꼽는다.

센싱은 필요한 사물이나 장소에 RFID를 부착해 주변 정보를 획득하고, 이를 실시간으로 전달하는 기술이다. 앞서 설명했던 사물인터넷에 대한 세 가지 관점 중 사물 중심 관점에서 가장 중요하게 다뤄진다. 최근에는 센서 자체에 정보를 처리하는 능력을 할당한 스마트 센서가 주목받고 있다. 유무선 통신 및 네트워크 인프라는 사물이 인터넷에 연결되도록 지원하는 기본 기술을 의미하며, 네트워크 중심 관점의 핵심 기술이 된다. 서비스 인터페이스는 사물인터넷의 각 사물들과 여기서 생성된 정보를 서비스 및 애플리케이션과 연동하는 기술이다. 당연히 시맨틱 관점의 사물인터넷의 기반이 된다.

최근에는 정보유출 및 해킹을 방지하는 보안 기술이 사물인터넷에서 특히 강조되는 추세다. 사물인터넷을 통해 쌓이는 개별 사물에 대한 정보와 이 사물을 이용하는 사람에 대한 정보가 늘어날수록 정보가 유실, 유출되었을 때 발생할 수 있는 피해의 크기가 기하급수적으로 증가하기 때문이다. 2014년에 발생한 주요 금융사의 정보유출 사건은 이런 위험성이 극명하게 드러난 사례다.

또 하둡, R 등 이른바 빅데이터와 관련된 플랫폼 및 정보처리 기술에 대한 관심도 아울러 증가하고 있다. 사물인터넷, 만물인터넷에서 아무리 많은 정보가 생성되고 공유된다 한들 그중에서 필요한 것을 골라내 적절한 시간 내에 분석할 수 없다면 아무짝에도 쓸모가 없기 때문이다.

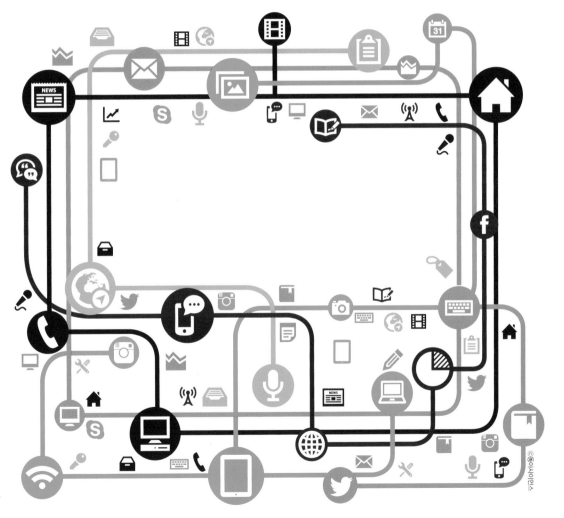

사물인터넷의 매력

사물인터넷은 왜 주목받는 것일까? 일차적인 이유는 사물인터넷을 통해 구현될 생활의 편리함과 새로운 비즈니스 기회 등에 있을 것이다. 기존에는 생각할 수 없었던 다양한 애플리케이션과 서비스가 사물인터넷을 기반으로 나타날 수 있다. 앞서 설명한 오라클 팀USA, 페덱스 사례가 이를 잘 보여준다.

하지만 스스로를 사물인터넷과 관련됐다고 간주하는 기업들이 앞다퉈 사물인터넷과 관련된 새로운 개념을 만들어내고 구축의 필요성과 당위성을 역설하고 있다는 점도 잊어서는 안 된다. 이는 사물인터넷 구축에 들어가는 비용은 곧 이 분야 기업의 매출로 연결되기 때문이다. 이를 잘 보여주는 기업이 바로 세계 최대 네트워크 솔루션 기업인 시스코 시스템스다. 이 기업은 수 년 전까지 사물인터넷 구축을 설파하더니 얼마 전부터는 '만물인터넷'이라는 새로운 개념의 전도사가 됐다. 만물인터넷에 대한 시스코의 설명은 좀 복잡하지만 아주 간단하게는 사물인터넷에서 인터넷을 통해 연결돼 상호작용하며 정보를 만들어내는 대상이 사람으로까지 확장된 새로운, 이종(hybrid)의 네트워크로 이해할 수 있다. 이런 네트워크에서 생성되는 정보의 양과 종류는 사물인터넷과 비교할 수 없을 정도로 많기 때문에 완전히 새로운 경험과 가치를 만들어낼 수 있다는 것이 시스코의 주장이다. 사물인터넷보다 더 큰, 만물인터넷이라는 새로운 시장을 만들어 전 세계의 투자를 일으키겠다는 속내다. 존 체임버스 시스코 회장은 2014년 CES(국제전자제품 박람회) 기조연설에서 향후 만물인터넷이 10년간 19조 달러(약 2경 3000조 원)의 가치를 가질 것이라고 말했는데, 이는 시스코가 진출할 수 있는 잠재적인 만물인터넷 시장의 크기가 그렇다는 말과 다르지 않다.

SK텔레콤의 광고도 같은 차원에서 이해할 수 있다. 이런 방식으로 사물인터넷 구축에 들어가는 돈과 자원은 사물인터넷과 관련된 비용이자 경제적 효과이기도 하다.

사물인터넷이 불러올 갈등

유용함과 경제적 가치와는 별개로 사물인터넷 구축 과정에서는 여러 법·제도적 갈등이 표출될 가능성이 농후하다. 사물인터넷을 통해 이뤄지는 정보의 생성 및 유통 과정은 이전의 것과 확연히 다르기 때문이다. 최근 논란이 된 원격진료 허용 여부를 놓고 의사협회에서 파업까지 벌이며 정부와 대립한 것도 이런 관점에서 바라볼 수 있다. 사물인터넷 이전 시기의 국내 의료행위 개념에는 원격진료가 포함되지 않았다. 진료의 질을 담보할 수 없다는 점과 환자의 프라이버시를 보호하기 위해 의료정보를 함부로 병원 외부로 전송해서는 안 된다는 것이 가장 큰 명분이었다. 하지만 이미 많은 사람들이 사물인터넷과 촘촘한 네트워크를 통해 환자의 상태는 물론이고 환자가 위치한 환경 정보를 수집해 다른 정보, 증례와 비교하면 더 빠르고 간편하게 질좋은 진료서비스를 제공할 수 있다고 보고 있다. 미국의 스카나두(Scanadu)라는 회사가 바로 그런 회사인데, 이 회사가 개발한 '스카나두 스카우트'는 관자놀이에 10초 정도 대고 있으면 심박수, 심전도, 산소포화도 등 각종 활력징후를 체크하고 이 정보를 데이터센터에서 분석해 그 결과를 e메일로 환자에게 보내주는 개인용 소형 의료기기다. 이런 의료기기 서비스는 현재 우리나라에서 허용될 수 있을까? 그럴 수 없다. 허용을 하던 하지 않던 간에 네트워크를 통한 진료가 의료행위에 포함되는지, 즉 의료행위가 무엇인지 근본적인 질문에 대해 먼저 새롭게 답을 내려야 한다. 이는 사물인터넷이 불러일으킬 수 있는 갈등 중 빙산의 일각에 불과하다. 네트워크로 전송될 수 있는 지식, 정보를 다루는 분야는 최소한 한 번씩은 사물인터넷으로 인한

원격의료의 첨병인 스카나두 스카우트(오른쪽)를 사용하고 있는 모습(위쪽). 여러 개의 센서로 체온, 혈중산소, 심박수 등을 측정한다.

ⓒ동아사이언스

정체성의 혼란을 겪을 가능성이 높다.

최근에는 기술 분야 전문가들이 사물인터넷이 가져올 수 있는 부정적 측면에 대해 우려를 제기하기도 했다. 2014년 5월에 와이어드(Wired)에 게재된 기사에 따르면, 미국의 퓨 리서치 센터(Pew Research Center)가 다수의 최고 기술 전문가를 대상으로 조사한 결과 보안, 복잡성, 사회적 불평등, 인간 존엄성, 프라이버시 등의 측면에서 잠재적인 위험성이 예견되었다는 것인데, 이 중 복잡성과 사회적 불평등, 인간 존엄성과 관련된 문제 제기가 특히 흥미롭다. 문제가 발생했을 때 어느 누구도 그것을 제대로 고칠 수 없을 정도로 모든 사물과 사람들이 연결된 세계가 복잡해질 것이라는 우려가 복잡성의 문제다. 사회적 불평등은 사물인터넷으로 가장 큰 혜택을 받을 수 있는 개발도상국들이 이런 환경을 구축할 재정적 여유가 없기 때문에 전 세계적인 정보격차(digital divide)가 더욱 확대될 것이라는 예측과 관련된다. 사회의 모든 곳에 분산된 센서와 네트워크가 결국 모든 시민의 일거수 일투족을 감시하는 감시사회의 근간이 될 수 있다는 관측은 인간 존엄성의 문제를 제기한다. 이런 문제제기는 장밋빛 환상으로 점철된 사물인터넷에 대한 전망에서 벗어나 보다 냉철하게 사물인터넷이 제기하는 제반 문제를 검토할 것을 요구한다.

사물인터넷이 제기하는 인간의 문제

마지막으로 생각해 볼 것은 보다 근본적인 문제다. 사물인터넷이 미칠 가장 큰 영향은 생활의 편리함이나 경제적 효과보다는 우리의 인식체계와 관련되어 있을지도 모른다. 모든 사물이 정보를 생산하는 사물인터넷에서, 그리고 여기서 한발 더 나아가 인간과 사물이 이종(hybrid)의 네트워크를 형성하고 상호작용할 경우에 인간과 사물간의 경계가 점차 불분명해지기 때문이다. 즉, '인간이란 무엇인가'가 문제가 된다.

영화「코드명J」를 떠올려보라. 주인공 키아누 리브스의 직업은 대용량의 데이터를 뇌에 저장해 다른 사람에게 전달해 주는 일종의 데이터 택배원이다. 불의의 사고로 저장 용량을 초과해 데

「코드명J」의 주인공이 사람이라고
착각했던 돌고래 해커.

이터를 받아들인 주인공은 과부하로 죽지 않기 위해 세계 최고의 천재 해커를 찾아간다. 우여곡절 끝에 그를 만난 주인공은 경악을 금치 못했다. 눈앞에 나타난 건 사람이 아니라 수조 속의 돌고래였기 때문이다. '정보'를 '해킹'이라는 방식으로 다룬다는 것만으로는 돌고래와 사람을 구분할 수 없었던 것이다.

정보와 상호작용을 기준으로 인간과 사물을 구분할 수 없을 때 인간은 자신을 어떻게 인식할 것인지, 내가 아닌 다른 사람을 어떻게 구별할 것인지, 사물은 사이보그(cyborg)가 되어 인간과 같은 지위를 획득하는 것인지, 인간과 사물 간의 정보교환과 상호작용은 인간과 인간, 또는 사물과 사물 간의 그것과 어떻게 다를지, 또는 과연 다르기는 할 것인지. 사물인터넷의 구축과 확산은 인간과 사물, 그리고 서로간의 관계에 대해 인문학적, 철학적 질문을 제기할 것이다.

영화「코드명J」의 주인공
키아누 리브스의 직업은
데이터 택배원이다.

운석

이광식

한국 최초의 아마추어 천문잡지 《월간 하늘》을 창간하여 3년 여 동안 발행했다. 2006년부터 강화도 퇴모산으로 들어가 '원두막천문대' 라는 개인천문대를 운영하는 한편, 모 인터넷 신문의 우주-천문 파트 통신원으로 기사를 기고하고 있다. 쓴 책으로는 『아빠, 별자리 보러 가요』, 『천문학 콘서트』, 『십대, 별과 우주를 사색해야 하는 이유』, 『우리 옛시조 여행』 등이 있다.

지구 종말은 소행성 충돌로?

지름 10km 소행성 충돌은 5000만 년에 한 번 일어난다

하늘에서 갑자기 엄청난 불덩어리들이 쏟아진다! 아마도 모든 천재지변 중 사람들이 가장 두려워하는 재앙일 것이다. 실제로 지구 46억 년의 역사에서 이런 불덩어리들이 수도 없이 많이 쏟아졌다면, 잘 믿기지 않을지도 모른다. 하지만 사실이다. 그렇다면 왜 요즘에는 이런 일들이 잘 일어나지 않는가? 그것은 인류가 지구상에 나타난 지 얼마 되지 않았기 때문이다.

6500만 년 전 멕시코 유카탄 반도의 칙술루브에 떨어져 공룡들을 멸종시킨 지름 10km짜리의 소행성이 지구에 떨어지는 비율은 대략 5000만 년에 한 개 꼴이다. 우리 인류의 역사와 사람 수명에 비한다면 거의 무한에 가까운 시간이다.

호모 사피엔스라 불리는 인류의 조상이 지구상에 모습을 드러낸 것은 겨우 20만 년 전이다. 지구 46억 년의 나이에 비한다면 0.00005%에도 못 미친다. 지금은 지구 행성을 통째로 차지해 행성 자체를 위험으로 몰아넣고 있지만, 따지고 보면 우리 인류는 정말 지구의 신참이다.

그런데, 요즘 들어 이런 불덩어리들이 하늘에서 떨어졌다는 소식들이 심심찮게 들린다. 2014년 3월, 한반도의 남녘 땅 진주에 여러 개의 운석이 떨어져 화제가 되었던 적이 있다. 아니, 지금까지 그 화제는 사그라들지 않고 있다. 관계기관과 운석 주인들이 가격을 놓고 아직까지도 밀고 당기기를 하고 있기 때문이다.

하긴 운석 값이 금값의 10배가 넘는 수도 있다니까 무리도 아니다. 그래서 운석은 우주의 로또 복권이라는 말이 생기기도 했다. 태양계의 원초 물질인 운석은 희귀할 뿐더러 연구 가치가 높기 때문이다.

진주 운석은 71년 만에 한반도에 떨어진 것으로, 이번에 4개가 발견되었다. 무게는 모두 합쳐 35kg이다. 금값의 10배만 쳐서 받는다 해도 가히 천문학적인 금액이 된다. 그래서 한동안 진주 지역에는 국내는 물론, 외국의 '운석 사냥꾼들'까지 모여들었다.

하지만, 진주에 떨어진 35kg 운석은 그 전해 2월, 러시아의 우랄산맥 부근에 떨어진 첼랴빈스크 운석에 비한다면 그야말로 장난감 수준이다.

이번 진주 유성의 경우 블랙박스 영상에 의존할 수밖에 없어 연구를 위한 정밀분석이 매우 어려운 상황이다. 유성체 감시네트워크가 있다면 운석들의 낙하지점도 정확히 알 수 있다. 또, 운석을 남기지 않는 수많은 유성체를 관측해 태양계 소천체분포에 대한 중요한 통계정보를 얻을 수 있다. 특히 전파레이다 관측은 낮 또는 구름이 있을 때 발생하는 유성·운석들도 연구할 수 있게 해준다.

부산과 대전의 제보영상을 이용해 도출한 유성의 3차원 궤적. 진주를 향해 진행하는 모습이 확인된다.
(연세대 탐사천문학연구실)

©동아사이언스

진주 운석 사건의 전모

2014년 3월 9일 오후 8시가 조금 지난 시각, 한반도 상공에 밝은 유성이 출현했다.
전국 각지에서 커다란 불덩어리가 하늘을 가로질러 떨어지는 것이 목격됐다.
이튿날 경남 진주의 비닐하우스 농장에서 이상한 돌이 발견됐다. 약 10kg 무게의
이 돌은 표면이 검었고, 비닐 천정을 뚫고 들어온 것이 틀림없었다.
진주에서는 연이어 검은 돌들이 발견됐다. 두 번째로 발견한 돌은 약 4kg이었으며,
세 번째는 420g, 그리고 네 번째는 20kg으로 가장 컸다. 극지연구소와 서울대 운석연구실의
조사로 모두 운석이라는 것이 밝혀졌다. 1943년 전라남도에서 두원운석이 발견된 지 71년
만에 한반도에서 운석이 다시 발견된 것이다. 현재 한국천문연구원 우주감시센터와 연세대
탐사천문학연구실은 진주 유성에 대한 수십 개의 제보영상들을 함께 분석하고 있다.

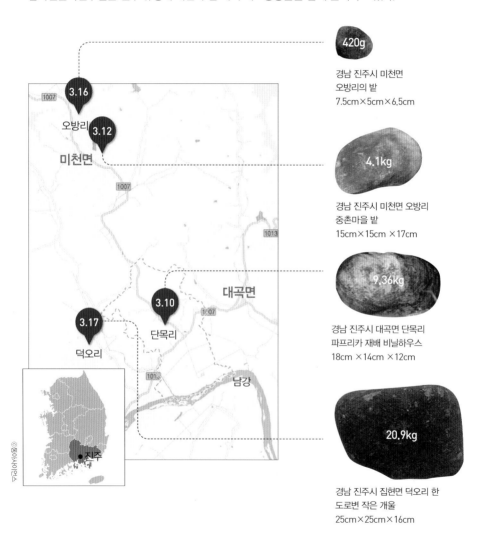

420g

경남 진주시 미천면
오방리의 밭
7.5cm×5cm×6.5cm

4.1kg

경남 진주시 미천면 오방리
중촌마을 밭
15cm×15cm ×17cm

9.36kg

경남 진주시 대곡면 단목리
파프리카 재배 비닐하우스
18cm ×14cm ×12cm

20.9kg

경남 진주시 집현면 덕오리 한
도로변 작은 개울
25cm×25cm×16cm

© 동아사이언스

수천 채의 건물들이 부서지고 1500여 명의 부상자를 낸 첼랴빈스크 운석은 지름이 20m, 무게가 1만 톤에 달한다. 이 운석은 대기권으로 진입할 때 초속 32.5km에 달했다. 초속 1km 총알 속도의 33배나 되었다는 얘기다.

이것이 24km 높이의 성층권에서 폭발하면서 발생한 폭발력은 500킬로톤(kt)으로 분석되었다. 이는 2차 세계대전 때 일본 히로시마에 떨어진 원폭의 33배에 달하는 위력으로, 최근 100년 사이 지구에 떨어진 가장 강력한 운석 폭발로 기록되었다.

해당 지역 주민들은 갑작스러운 운석우에 놀라 긴급 대피했으며, 일부 학교는 임시 휴교 사태를 빚었다. 수업 중 운석우를 목격했다는 교사 발렌티나 니콜라에바는 "그런 섬광은 난생 처음 봤다. 마치 종말 때나 있을 법한 것이었다"고 전했다. 또, 일부 노인들은 정말 종말이 닥친 줄 알고 눈물을 흘리기도 했단다.

많은 건물과 사람들이 부서지고 다쳤지만, 그래도 신이 나서 돌아다닌 사람들이 많았다고 하는데, 다름 아닌 운석 사냥꾼들이었다. 첼랴빈스크 운석이 순금 값의 40배나 나간다는 말이 퍼지자, 사방에서 운석 사냥꾼들이 밀려들어 골드러시를 방불케 했다. 개중에는 꽤 많은 운석 조각을 손에 쥔 사람도 나타났지만, 최대 운석의 영광은 인근의 체바르쿨 호수에서 건져올린 650kg짜리가 차지했다.

그런데, 금값의 40배라는 이 운석을 손에 넣은 한국인이 있다. 러시아로 귀화한 쇼트트랙 선수 안현수가 그 주인공이다. 첼랴빈스크 운석이 떨어진 1주년인 2013년 2월 15일, 소치 동계 올림픽 금메달리스트에게만 운석이 박힌 금메달을 주기로 했는데, 그날 진행된 쇼트트랙 남자 1000m 결승에 빅토르 안(안현수)이 우승해 운석 금메달의 주인공이 되었던 것이다.

윌라메트 운석

매일 100톤씩 떨어지는 운석

이런 운석이 매일 평균 100톤, 1년에 무려 4만 톤씩이나 지구에 떨어지고 있다. 먼지처럼 작은 입자의 우주 물질은 1초당 수만 개씩, 지름 1㎜ 크기는 평균 30초당 1개씩, 지름 1~5m 크기는 1년에 한 개 꼴로 지구로 떨어진다. 지름 50m 이상의 물체가 지구와 충돌할 가능성은 천 년에 한 번쯤 되는데, 1908년의 시베리아의 퉁구스카 폭발사건 때와 비슷한 크기의 폭발을 일으킨다. 지름 1㎞의 소행성이 지구와 충돌할 확률은 50만 년에 한 개 꼴이며, 지름 5㎞짜리의 큰 충돌은 대략 천만 년에 한 개 꼴이다.

지름이 10m보다 작은 천체를 유성체라고 하고, 유성체가 땅에 떨어진 것을 운석이라고 한다. 매년 500여 개의 운석이 지상에 도달하지만, 그 3분의 2가 바다에 떨어지고, 나머지는 대부분 사람이 살지 않는 사막이나 산악 지대에 떨어지는 통에 거의 발견되지 않는다. 과학자들이 최신장비들을 동원해 이 운석들을 찾아나서는 것은 운석에는 태양계의 생성과 외계 생명체에 관한 비밀이 숨어 있기 때문이다. 말하자면 운석은 태양계 생성의 비밀이 새겨진 **로제타 석**[1]이라 할 수 있다.

고대에는 운석이 종교적 숭배의 대상이 되기도 했다. 고대 그리스인들은 낙하하는 운석을 보고 제우스가 지구로 떨어뜨린 것이라 생각했다. 소아시아의 에페소스에 있는 아르테미스 신전은 운석이 떨어진 자리에 세운 것이다. 하지만, 운석이 우주에서 떨어진 암석이라는 인식은 꽤 오래 전부터 있었다. 동양에서는 "별이 땅에 내려와 돌이 되었다"라는 기록이 있다. 고대 이집트 인들이 철을 '하늘의 선물'이라 했으며, 수메르 인들은 '천상의 금속'이라 불렀는데, 이는 모두 운석을 뜻하는 것이다.

날마다 지구를 찾아오는 외계의 손님, 운석이란 과연 무엇인가? 운석은 우리가 흔히 말하는 별똥별, 곧 유성체가 타다 남은 암석이다. 그래서 운석을 별똥돌이라고도 한다. 행성 간 공간에 혜성이나 소행성

운석

1 로제타 석 1799년. 나폴레옹이 이끄는 이집트 원정군이 나일 강 하구의 로제타 마을에서 발굴한 검은 현무암의 비석 조각. 이 돌의 이집트 상형문자를 해독함으로써 고대 이집트 역사를 아는 길잡이가 되었다.

로제타 석

이 남긴 파편들이 떠돌아다니다가, 초속 30km의 속도로 태양 주위를 공전하는 지구로 끌려 들어오면, 초속 10~70km의 속도로 지구 대기로 진입, 대기와 마찰로 가열되어 빛나는 유성이 된다. 유성 중에서 특히 큰 것을 화구(火球, fireball)라 한다.

그러면 이런 유성체는 어디에서 오는 것일까? 대부분은 지구에서 약 4억km 떨어진 화성과 목성 사이에 위치한 소행성대에서 오며, 드물게는 태양계 변두리에 있는 **카이퍼 띠**[2]와 **오르트 구름**[3]에서 오기도 한다.

소행성이란 태양 주위를 공전하는, 행성보다 작은 천체를 말한다. 소행성대에는 크기가 트럭만 한 것에서부터 수백 킬로미터나 되는 거대한 우주 암석들이 빽빽이 모여 있는데, 2010년 1월 30일 기준 23만 1665개가 등재되어 있다. 그중에서 가장 큰 소행성은 1801년에 처음 발견된 세레스로서, 지름이 1020km다. 하지만 이 모든 소행성들을 다 합쳐도 달 질량의 4%밖에 되지 않는다.

이 수많은 소행성들은 모두 46억 년 전 태양계가 형성될 때부터 존재해온 물질들이다. 이것들은 잘하면 그 궤도상에서 행성이 될 수도 있었는데, 목성의 **조석력**[4]이 하도 크다 보니 행성이 채 되기도 전에 바스러져버린 행성 부스러기라 할 수 있다. 따라서 소행성은 어떤 의미에서 태양계의 화석이기도 하다. 과학자들은 운석과 혜성 등의 성분을 연구함으로써 태양계의 생성과 생명의 근원을 알아낼 수 있다고 믿는다.

지구를 포함한 태양계 나이를 알아낸 단서는 이 소행성대에서 온 운석에서 나왔다. 운석이 출발한 곳은 지구 대기권에 불타며 떨어지는 운석의 방향과 각도만 알면 바로 계산해낼 수 있다.

공룡 대멸종도 운석 충돌로

매일 100톤씩 지구에 떨어지는 운석. 생각해보면 이 우주 안에서 100% 안전한 곳은 하나도 없다. 그 확률이 희박할 따름이지, 운석은 지금 이 순간도 내 뒤통수를 후려칠 수 있는 것이다. 실제로 운석에 맞

2 **카이퍼 띠** 해왕성 바깥에서 태양의 주위를 도는 작은 천체들의 집합체.
3 **오르트 구름** 장주기 혜성의 근원지로서, 먼지와 얼음이 태양계 가장 바깥쪽에서 둥근 띠 모양으로 결집되어 있는 거대한 집합소로, 태양계의 가장 바깥쪽에서 둥근 띠 모양을 이루고 있다.

운석

4 **조석력** 조석 현상을 일으키는 천체의 힘. 천체의 두 지점에 작용하는 만유인력의 차이이다.

아 부상당한 사례도 있다. 1954년 11월 30일, 미국 앨라배마 주에 사는 주부 헐릿 호지스는 집안에 있다가 지붕을 뚫고 들어온 19kg짜리 운석에 맞아 허벅다리를 심하게 다쳤다.

이밖에도 운석 충돌 사건이 수도 없이 많지만, 다행히 인명 피해를 낸 적은 없었다. 하지만, 1911년 이집트에서 개 한 마리가 재수 없게도 화성 운석에 맞아 죽었다는 기록이 있다. 속된 말 그대로 개죽음인 셈이다. 운석에 의해 생명을 잃은 유일한 사례다. 이처럼 우주에서 날아온 운석이 지붕을 뚫거나 차를 찌그러뜨리는 일들이 심심찮게 일어난다. 하지만 크게 다치지만 않는다면, 그건 횡액이 아니라 행운이다. 지구 물질에 오염되지 않은 운석은 1g당 수백만 원을 호가하는 '우주의 로또 복권'이 되기도 하니까. 그러므로 당신 집 뒷마당에 운석이 떨어졌을 때, 가장 먼저 해야 할 일은 재빨리 비닐장갑을 끼고 운석을 수거한 다음, 랩으로 돌돌 말아 밀봉해서는 냉동고에 집어넣는 일이다. 이웃집 밭 같은 데 떨어졌더라도 마찬가지다. 법적으로 운석은 무주물(無主物)이라서 먼저 발견한 사람이 임자이기 때문이다.

현재 지구 표면에 남아 있는 큰 운석 충돌 크레이터의 수는 약 170개 정도로, 이들은 비교적 최근에 형성된 것들이다. 왜냐하면 지구 표면에서는 기상현상과 지질활동 등이 쉼 없이 일어나 크레이터의 흔적을 지워버리기 때문이다.

지구에서 발견된 가장 큰 충돌 크레이터는 남아프리카 공화국에 있는 브레드포트 크레이터로, 지름이 무려 300km이다. 가장 오래된 것은 러시아의 수아브야르비 크레이터로 24억 년 전의 것으로 추정된다. 하지만, 46억 년 지구의 역사 중에서 가장 유명한 운석 충돌은 6500만 년 전 멕시코 유카탄 반도의 칙술루브에 떨어진 소행성 충돌일 것이다. 지름 10km의 소행성이 떨어져 지름 180km의 크레이터를 만들었다. 지금도 유카탄 반도 앞바다 해저에는 크레이터 흔적이 남아 있다.

지름 10km 운석이라면 운석 밑바닥이 지면에 닿는 순간, 운석 꼭대기는 해발 10km, 곧 국제선 항공기의 비행 고도에 있는 셈이다. 이

어마어마한 운석으로 인해 백악기 말 공룡을 비롯한 지구 생명체의 약 70%가 멸종하고 말았다(K-T 대량멸종 사건). 무게 1조 톤, 낙하속도 초속 30km로 돌진한 소행성으로 일어난 이 대충돌은 해일, 지진, 폭풍과 같은 천재지변을 유발했고, 이때 대기 상층으로 솟아오른 먼지가 햇빛을 완전히 가려 식물을 말라죽게 하고 동물을 멸종하게 만든 원인으로 작용했다는 것이다.

희귀 운석, 운석공들

운석이라고 다 같은 종류는 아니다. 구성성분에 따라 세 종류로 나뉘는데, 전체의 94%를 차지하는 석질 운석은 주로 규산염 광물로, 철질 운석은 철과 니켈의 합금으로 이루어졌으며, 석철질 운석은 철질 성분과 규산염 성분이 섞여 있는 것이다. 철질 운석과 석철질 운석은 지구 표면에서 발견되는 암석과 구성 성분이 크게 달라 쉽게 구별된다.

그럼 지구상에서 발견된 단일 운석 중 가장 큰 것은 얼마만 할까? 아프리카 나미비아에 있는 호바 운석이 그 주인공으로, 크기가 무려 2.95×2.83m나 되며, 무게는 약 60톤이다. 이 운석이 발견된 것은 1920년이지만, 지구에 떨어진 지는 8만 년이나 된다. 운석의 성분은 철, 니켈 등이다. 이 운석은 나미비아 국가 기념물로 지정되어 관광 명소가 되고 있다.

운석 충돌이 한 나라에 거대한 부를 안겨준 희귀한 사례도 있다. 운석 충돌로 인한 고열과 압력으로 엄청난 규모의 다이아몬드가 생성되었던 것이다. 그 행운의 나라는 바로 러시아다. 러시아 동부 시베리아에 전 세계 매장량의 10배에 달하는 다이아몬드 수조 캐럿이 매장돼 있다는 사실이 언론에 보도되었는데(2012년 9월), 그 장소가 바로 운석이 충돌한 크레이터라는 것이다. 매장량은 자그마치는 향후 3000년간 시장에 공급할

호바 운석

미국 애리조나 주의 운석 충돌구

수 있는 양이다.

현존하는 운석공으로 가장 유명한 것은 미국 애리조나 주 캐니언 다이아블로 사막에 있는 배린저 운석공일 것이다. 지름 1200m의 밥공기 모양을 하고 있는 이 운석공은 주벽이 평원보다 39m나 높고, 바닥보다는 175m나 높다. 약 2만 년 전 커다란 철 운석의 낙하로 만들어진 것으로, 애리조나 운석공이라고도 한다.

지구상에서 운석을 가장 쉽게 찾으려면 어디로 가야 할까? 남극대륙으로 가면 된다. 지구에서 발견된 운석의 70% 이상이 남극에서 발견되었다. 운석은 세계 각지에 떨어지지만, 대부분 바다 밑으로 가라앉거나 땅속에 묻혀버린다. 게다가 지구 암석과 비슷해 쉽게 눈에 띄지도 않는다. 하지만 남극대륙에서는 운석 조각들이 빙하에 의해서 운반된다. 특히 남극대륙의 동쪽에 있는 거대한 청빙(blue ice) 지역은 오염되지 않은 불모지로 남아 있어서 운석 찾기에 가장 좋은 곳이다. 썰매를 타고 이 지역을 지나다가 검은 바위가 머리를 삐쭉 내밀고 있는 것을 발견한다면 두말 않고 달려가 봐야 한다. 운석일 가능성이 매우 높기 때문이다.

세계에서 가장 유명한 운석도 남극에서 발견된 것이다. 앨런 힐스라는 이름의 이 운석이 유명해진 것은 다른 외계 생명체의 흔적으로 보이는 것이 발견되었기 때문이다.

1984년 남극의 빙하에서 발견된 이 운석을 조사한 나사(NASA) 과학자들은 이것이 소행성의 파편이 아니라 화성의 돌이라고 결론지었다. 화학적 구성 성분이 화성 암석과 같을 뿐만 아니라, 운석 속 기포의 기체를 분석한 결과, 화성의 대기 성분과 정확하게 일치했던 것이다.

최신 연대측정 기술을 이용해 지구까지의 여정을 복원한 결과, 앨런 힐스 운석은 1600만 년 전 소행성 충돌로 화성에서 떨어져 나와, 1만 3000년 전까지 우주를 떠돌아다니다가 지구의 중력장 안으로 들

앨런 힐스 운석

어왔고, 대기권을 통과해 남극의 빙하지대에 떨어졌다는 것이다. 1.9kg의 앨런 힐스는 겉모양은 야구공만 한 초록빛 돌로 보이지만, 나이는 무려 45억 년이다. 지구 암석 중에 가장 오래된 것이라 해도 40억 년을 넘지 않는다. 달에서 온 이른바 '창세기 돌(Genesis Rock)'만이 앨런 힐스와 견줄 만한 연대다. 말하자면 앨런 힐스는 원시 태양계에 태어나 45억 년 동안 본모습을 유지해온 불굴의 태양계 유물이라 할 수 있다.

무엇보다 이 운석을 유명하게 만든 것은 지구 원시 박테리아가 만들어낸 것과 비슷한 내부 형태와 잔해를 갖고 있다는 점이다. 운석 안에는 탄산염이라는 미세한 금빛 입자가 있는데, 여기에 화성 생명체에 관한 비밀을 품고 있는 것이다. 지질학에서 탄산염이 존재한다는 것은 보통 물이 있는 장소에서 왔다는 것을 의미한다. 화성에는 한때 물이 있었고, 지금도 있을지 모른다. 얼마 전 화성 탐사로봇 큐리오시티가 화성 표면에 물이 흐른 자국 사진을 전송해와 적어도 한때 화성에 물이 있었다는 확고한 증거를 보여주었다. 과학자들은 화성 생명체의 증거가 이 탄산염 안에 숨어 있다고 믿고 있다. 만약 여기서 생명의 증거가 발견된다면 지구 이외의 천체에서 최초로 생명 존재를 확인한 역사적인 발견이 된다.

지구에 바다를 가져다준 소행성

원시 지구가 태어난 직후의 태양계는 그야말로 소행성으로 들끓는 북새통이었다고 한다. 수많은 소행성들이 원시 행성들과 충돌하는 '소행성 포격 시대'를 연출했다. 달이나 수성 등에 무수히 남아 있는 크레이터들이 그 격동의 세월을 증언하고 있다.

행성 과학자들은 원시 지구는 행성 형성기의 높은 에너지로 인해 물 분자들이 모두 증발해 우주공간으로 날아가 버려 아주 메마른 상태였던 것으로 추정하고 있다. 따라서 물은 훨씬 뒤에 왔으며, 그 제공자는 혜성과 소행성으로 보고 있다. 많은 수분을 포함한 수많은 소행성들이 지구에 충돌함으로써 지구상에 비로소 바다가 나타났다는 것이다. 바다를 포함해 지구상에 존재하는 모든 물을 공처럼 뭉친다면 지름 약 700km의 물공이 된다고 얼마 전 나사에서 발표한 바 있다. 지름 700km라면, 부산에서 신의주 간의 거리 정도다. 지름 1만 2500km의 지구에 비한다면 앙증맞은 사이즈라고나 할까. 지구가 물의 행성이라 하지만, 사실 물이 그렇게 많지 않다는 사실을 알 수 있다.

이에 덧붙여, 지구 바다의 근원을 결정짓기 위해 과학자들은 수소와 그 동위원소인 중수소의 비율을 측정했다. 중수소란 수소 원자핵에 중성자 하나가 더 있는 수소를 말한다. 그 결과, 지구 바다의 물과 운석이나 혜성의 샘플이 공히 태양계가 형성되기 전에 물이 생겨났음을 보여주는 화학적 지문을 갖고 있는 것으로 밝혀졌다.

물은 다 같이 비슷한 수준의 중수소를 갖고 있다. 중수소는 성간 우주에서만 만들어지는 물질이다. 이러한 사실은 적어도 지구와 태양계 내 물의 일부는 태양보다 더 전에 만들어진 것임을 뜻한다. 우리가 아침마다 세수하고 마시는 물이 이토록 유구한 역사를 가지고 있는 것이다.

지구 종말은 소행성 충돌로?

이처럼 다양한 얼굴을 가진 운석이지만, 문제는 그 가공스러운 충돌이 가져올 대재앙이다. 지름 10km짜리 소행성 하나가 초속 20km 속도로 지구와 충돌하기만 해도 강도 8 지진의 1천 배에 달하는 격동이 지구를 휩쓸 것이며, 대재앙을 피할 수 없게 된다. 그런 연유로 지구 종말은 소행성 충돌로 올 것이라는 공포가 광범하게 퍼져 있는 실정이다.

지름 수백 킬로미터의 운석이 지상에 떨어지면, 운석은 지각을 1km까지 뚫고 들어가며, 2만 도까지 치솟는 고열로 땅은 젤리처럼 녹아들어간다. 주변 암석은 5분의 1초 만에 원래 부피의 1/4까지 압축되었다가 폭발적으로 증발한다. 지표면은 파도처럼 요동치면서 1, 2초 사이 수백 킬로미터 반경의 모든 생명이 끝장난다. 충돌 2초 후엔 반동으로 인해 분출단계가 시작된다. 바닥면이 튕기면서 운석과 주변 암석이 증발하고, 엄청난 양의 암석, 용융 물질, 재, 기체를 날려 보낸다. 이것들은 지구 대기의 성층권까지 올라가 수만 년에 걸쳐 지상으로 떨어지게 된다. 하늘로 올라간 재는 햇빛을 차단하고, 지구 전체에 어둠과 추위를 가져온다. 이른바 핵겨울이 수년 이상 지속될 것이다.

거대한 운석이 바다에 떨어진다면 해저 밑바닥까지 도달해 수십~수백 미터 높이의 엄청난 쓰나미를 일으켜 지구상의 도시들 대부분을 파괴할 것이다. 뿐만 아니라, 4천 도에 이르는 암석 증기를 뿜어내 삽시간에 지구 전체 표면을 감싸버리는데, 그 시간은 하루면 족하다. 열대우림도 남북극의 얼음도 한 점 남아나지 않을 것이며, 바다는 끓어올라 한 달이면 바닥을 드러낼 것이다. 그 후의 지구에는 무엇이 남나? 완전히 타버린 감자에 아무것도 남은 게 없듯이 지구 역시 한 덩이의 숯이 되어 있을 것이다. 어떤 경우든 지구 생물의 대멸종은 피할 수 없는 운명이 된다.

지구로부터 0.05AU(지구−태양 거리=1AU), 곧 750만km 이내로 접근하는 천체를 지구접근천체(Near-Earth Object, NEO)라 하는데, 지금까지 발견된 NEO 개수는 총 9153개. 이 중 지름이 150m를 넘어 지구와 충돌했을 때 심각한 피해가 예상되는 천체를 '지구위협천체'라고 부른다. 지금까지 모두 1328개가 발견되었다. 미항공우주국(NASA), 국제천문연맹(IAU), 유럽우주국(ESA) 등은 관측한 자료를 공유하며 실시간으로 소행성과 혜성이 지구와 충돌할 가능성을 계산하고 있다. 그러나 개중에는 추적하기가 까다로운 천체도 적지 않다.

만약 이런 소행성이 지구를 향해 돌진해온다면, 그 대응책은 무엇일까? 과학자들은 위협천체가 지구에 충돌하는 것을 막기 위해 다양한 방법들을 연구하고 있다. 고출력 레이저로 소행성을 태우는 방안도 그 중 하나다. 비행기에서 고출력 레이저를 쏘아 소행성 한쪽 면을 태워버림으로써 소행성 무게 평형을 깨뜨려 궤도를 뒤틀리게 하는 방법이다. 또 '솔라 콜렉터' 위성을 발사해 태양빛을 소행성 한쪽 면에 집중시켜

궤도를 바꾸는 방안도 연구 중이다. 이 위성에 장비를 달아 햇빛을 모아 소행성에다 쏘면 태양빛 압력으로 궤도를 뒤로 밀 수 있기 때문이다. 핵무기로 소행성을 폭발시키는 방법도 있을 수 있다. 하지만 그 잔해와 방사능이 고스란히 지구로 떨어지는 2차 피해를 일으킬 수 있어 현실적으로 사용할 수 없는 방안이다.

크기가 작거나 햇빛을 반사하지 않는 어두운 천체는 지구 가까이 접근하기 전까지는 발견하기가 쉽지 않다. 특히 지구로 접근하면서 속도가 빨라지는 혜성은 소행성보다 더 위험하다. 혜성 속도는 초속 75 km 정도로, 소행성 속도인 초속 30km보다도 두 배 이상 빠르다. 운이 나쁘면 지구 충돌 하루 전에야 혜성을 발견하는 아찔한 순간이 연출될 수도 있다.

원래 우주는 폭력적인 장소이다. 우주 안에서 100% 안전한 장소는 없다. 지구는 물론이고, 당신이 지금 앉아 있는 자리도 마찬가지다.

'안전'이란 확률의 문제일 뿐이다. 백만분의 1초 만에 모든 게 끝장날 행성 충돌이나 중성자별 충돌, 은하 충돌에 비하면 소행성 충돌은 씹던 껌에 얻어맞는 정도에 지나지 않을지도 모른다. 하지만 그것이 지구로 향해 꽂힐 때는 말 그대로 지구 종말이 될 것이다. 우주 속에서 지구는 하나의 가냘픈 티끌일 뿐이다.

과연 지구는 소행성 충돌로 끝장날 것인가? 그것이 신의 시나리오인가? 그것은 아무도 모른다. 다만 인류는 이 광포한 우주 속에서 오로지 우연과 행운, 그리고 신의 가호에 의지한 채 살아가야 하는 나약한 존재라는 사실만은 확실한 듯하다.

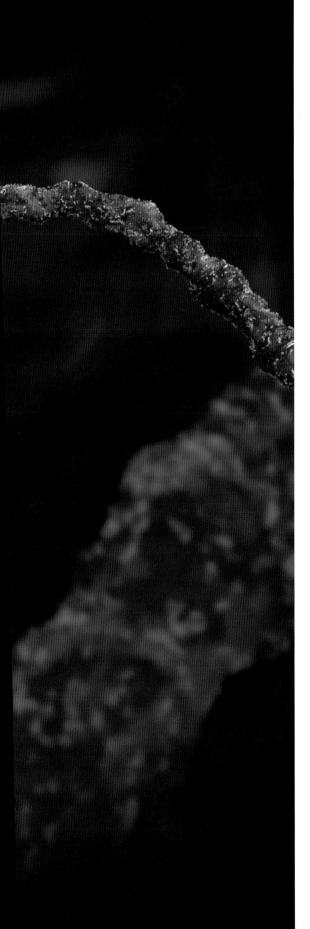

에볼라

이은희

연세대학교 대학원에서 신경생리학 석사를 취득하고 고려대학교 과학기술학협동과정에서 과학언론학 전공으로 박사 과정을 수료했다. 현재는 《한겨레》에 〈하라하라의 눈을 보다〉를 연재하며 한양대에서 과학철학을 강의하고 있다. 저서로는 『하리하라의 생물학 카페』 등이 있고, 한국과학기술도서상을 수상했다.

우리나라는
에볼라 출혈열에
안전할까?

에볼라

재앙의 시작은 생각보다 평범했다. 1976년 8월 26일, 더운 아프리카의 한여름이 절정에 달하던 날, 마발로 로켈라(Mabalo Lokela)라는 이름의 40대 남자가 아프리카 중부 **자이르 공화국**[1]의 북쪽 얌부쿠의 선교병원을 찾았다. 이 병원은 상주하는 의사도 없이 간호사 출신의 수녀 네 명이 운영하는 작은 병원이었다. 그는 내원 당시 두통과 고열, 오한에 시달리고 있었고, 마발로 본인은 물론이거니와 의료진들조차도 그 지역에서 흔한 말라리아에 걸렸다고 생각했다. 그는 말라리아 치료제인 퀴닌을 처방받고는 집으로 돌아갔다. 그런데 며칠 뒤 다시 병원을 찾은 마발로는 상태가 훨씬 심각해져 있었다. 이번에는 고열은 물론이거니와 피가 섞인 구토와 설사를 동반하고 있었고, 코와 잇몸에서도 피가 흘러나오고 있었다. 직감적으로 말라리아가 아니라 다른 병일 것이라고, 그것도 아주 심각한 질병일 것이라는 사실을 깨달은 의

1 자이르 공화국은 현 콩고민주공화국의 옛 이름으로, 1965년에 집권한 모부투 세세 세코가 국호를 자이르로 바꾼 뒤 1997년까지 존속되다가, 1997년 5월 반군이 정권을 장악하면서 다시 콩코민주공화국으로 국호가 바뀌었다.

료진들은 자신들이 가지고 있는 약이란 약(퀴닌뿐 아니라 항생제와 수액, 비타민까지 모두 다)은 모두 처방했지만, 이런 노력도 헛되이 마발로는 처음 병원을 찾은 지 12일 만에 사망하고 만다.

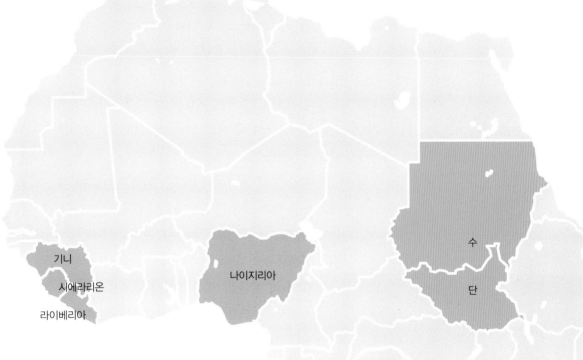

자이르(현 콩고민주공화국, DRC)와 국경을 맞대고 있는 이웃나라 수단의 모습. 1976년, 자이르 북부와 수단 지역에서 최초로 에볼라 환자가 발생되었다.

며칠 뒤 마발로의 장례식이 치러졌다. 그리고 며칠 뒤, 마발로의 장례식에 참여했던 하객들 중 21명이 마발로와 같은 증상을 보이기 시작했고, 손쓸 새도 없이 그중 18명이 사망하기에 이른다. 비극은 계속 확산되었다. 마발로와 연관 없는 사람들 중에서도 비슷한 증상을 겪는 환자들이 하나둘씩 생겨나기 시작했다. 처음에는 보통의 독감이나 말라리아처럼 고열과 오한으로 시작되는 증세는 며칠 뒤 피가 섞인 구토와 설사, 코피로 이어지고, 결국에는 조직괴사와 장기부전으로 사망하는 이 끔찍한 질병은 급속도로 퍼져나가기 시작했다. 급기야 이들을 간호하던 수녀도 같은 증상을 보이며 쓰러지자 다른 수녀들이 본국에 도움을 요청하게 되고, 이 지역으로 자이르인 보건관리와 두 명의 유럽인 의사가 파견된다. 비슷한 시기, 세계보건기구(WHO)에는 불길한 소식이 동시에 전해진다. 자이르 북부의 얌부쿠 지방뿐 아니라, 아프리카 수단의 남부 마리디 지역에서도 비슷한 역병이 돌고 있다는 보고가 들어온 것이다.

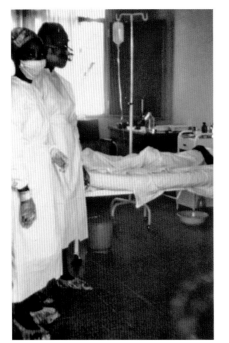

1976년 자이르형의 첫 유행 당시 촬영된 사진. 두 명의 간호사가 에볼라 출혈열 환자 앞에 서 있다. 침대 위의 환자는 당시 유행의 지표증례였던 간호사 마잉가이다.

당시 이 질환을 처음 접했던 의료진들조차도 이것이 새로운 재앙의 전조라고는 전혀 생각하지 않고 있었다. 당시 WHO를 비롯한 의료진들은 이것이 황열의 일종이라고 생각했기 때문이었다. 황열은 황열바이러스를 가진 모기에 물려 전염되는 질병으로, 발열, 황달, 코와 잇몸의 출혈, 피가 섞인 구토 증상 등을 보이는 질병이다. 당시 환자들의 증상은 이미 알려진 황열의 증상과 비슷했고, 황열의 경우는 이미 막스 타일러에 의해 백신이 개발되어 있기 때문에 사태는 곧 수습될 것이라고 생각했다.

이 질병의 심각성이 정면으로 감지된 건 자이르와 수단에서 받은 환자들의 혈액 샘플이 황열 바이러스에 대해 모두 음성 반응이 나온 뒤였다. 황열뿐 아니었다. 그들이 알고 있던 그 어떤 기존 질병도 이 증상과 맞아 떨어지는 것이 없었다. 대신 이 미지의 질환을 연구하던 페터 피오트 박사의 눈에 뜨인 것은 이전에는 본 적 없었던 물음표 모양의 바이러스였다. 물음표 모양으로 생긴 알 수 없는 미지의 바이러스. 그는 심플하게 이 바이러스에 '???? 바이러스', 즉 정말로 '물음표 바이러스'라는 이름을 붙여주었고, 이를 연구하기 위해 질병이 창궐하는 자이르 지역으로 직접 떠나기에 이른다. 피오트 박사와 그의 동료들은 추가 연구를 통해 이 물음표 바이러스가 기존에는 전혀 알지 못했던 전혀 새로운 종류의 바이러스라는 것을 확실히 밝혀낸다.

최초의 환자가 발생한 뒤 겨우 두 달 남짓 지난 11월 6일, 자이르 보건부는 총 358명의 사람들이 이 미지의 질병에 감염되었으며 그중 90.7%에 달하는 325명이 사망했다고 공식 발표[2]했다. 같은 시기, 자이르 북쪽에 위치한 이웃나라 수단에서도 이와 같은 증상을 보이는 환자들이 나타나고 있었다. 수단의 경우, 284명이 발병해 이 중 151명이 사망(사망률 53%)했다. 자이르 보건부 장관이었던 응고웨테는 자이르와 수단에서 발생한 질병의 원인 바이러스에 에볼라 바이러스, 에볼라 바이러스가 일으키는 질환을 에볼라 출혈열(흔히 '에볼라'로 약칭한다)이라 명명했다고 발표했다. 에볼라(Ebola)라는 이름은 이 질환이 처음으로 발견되었던 지역을 흐르던 강의 이름이었다. 아프리카의 낯선 강이름이 전세계를 위협하는 공포의 이름으로 각인되는 순간이었다.

에볼라
——

2 이 수치는 역대 감염성 질병 중 2위를 차지하는 사망률이다. 에볼라보다 사망률이 높은 질환은 광견병으로 치사율이 100%에 이른다.

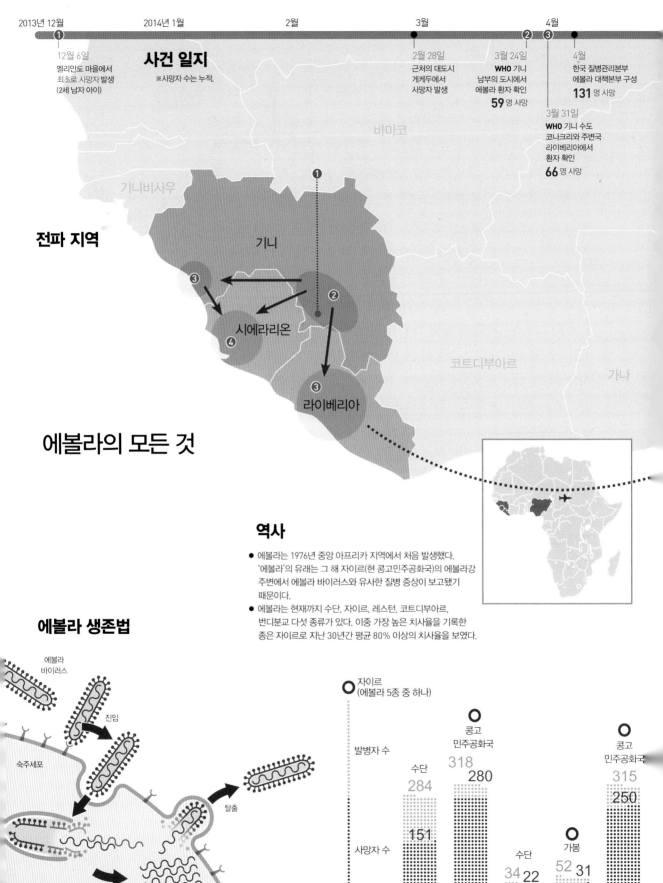

에볼라의 모든 것

사건 일지

※사망자 수는 누적.

2013년 12월 ①

12월 6일
멜리안도 마을에서
최초로 사망자 발생
(2세 남자 아이)

2014년 1월

2월

2월 28일
근처의 대도시
게케두에서
사망자 발생

3월 ②

3월 24일
WHO 기니
남부의 도시에서
에볼라 환자 확인
59 명 사망

3월 31일
WHO 기니 수도
코나크리와 주변국
라이베리아에서
환자 확인
66 명 사망

4월 ③

4월
한국 질병관리본부
에볼라 대책본부 구성
131 명 사망

전파 지역

기니비사우
기니
시에라리온
라이베리아
바마코
코트디부아르
가나

역사

● 에볼라는 1976년 중앙 아프리카 지역에서 처음 발생했다.
'에볼라'의 유래는 그 해 자이르(현 콩고민주공화국)의 에볼라강
주변에서 에볼라 바이러스와 유사한 질병 증상이 보고됐기
때문이다.

● 에볼라는 현재까지 수단, 자이르, 레스턴, 코트디부아르,
번디분교 다섯 종류가 있다. 이중 가장 높은 치사율을 기록한
종은 자이르로 지난 30년간 평균 80% 이상의 치사율을 보였다.

에볼라 생존법

에볼라
바이러스

진입

숙주세포

탈출

복제

바이러스는 세포 내에서
유전정보를 복제한다.

세포핵

자이르
(에볼라 5종 중 하나)

발병자 수

사망자 수

연도

치사율(%)

	수단	콩고민주공화국	수단	가봉	콩고민주공화국
발병자 수	284	318			315
사망자 수	151	280	34 → 22	52 → 31	250
연도	1976	1976	1979	1994	1995
치사율(%)	53	88	65	60	81

6월 7월 8월 9월 ©동아사이언스

5월 27일
시에라리온에서
감염자와 사망자 확인
200 명 사망

6월 30일
시에라리온의
광산채굴 회사
일제히 철수
338 명 사망

7월 27일
나이지리아에서
에볼라 환자 발생
미국인 의사 켄트 브래틀리
에볼라 감염
729 명 사망

7월 28일
라이베리아
국경 폐쇄

7월 30일
시에라리온 수도
프리타운에서 환자
확인
826 명 사망

8월 4일
켄트 브래틀리
지맵(ZMapp) 사용
932 명 사망

8월 8일
WHO
세계공중보건
비상사태 선포
961 명 사망

8월 12일
WHO 지맵
사용 승인
1069 명
사망

8월 18일
카메룬,
나이지리아 방면
국경 폐쇄
1229 명 사망

8월 21일
켄트 브래틀리 퇴원
1350 명 사망

2473

서아프리카
라이베리아,
기니,
시에라리온,
나이지리아
(8월 21일 기준)

나이지리아

감염경로

● 이번 서아프리카 사태에서는 야생동물과의
접촉을 통해 에볼라가 전파된 것으로 추측하고
있다.
● 에볼라에 감염된 환자의 체액을 통해 전염된다.
에볼라 바이러스가 비록 몸속에 있더라도 증상이
나타나기 전에는 에볼라가 전파되지 않는다.

1350

치료법

● 증상에 대해서 치료하는 대증치료가
가장 널리 쓰인다.
● 미국 맵바이오텍에서 개발한 지맵(ZMapp)이
유일한 치료제로 11일 WHO의 승인을 받았지만
대량생산에 어려움이 있다.
● 미국 국립보건원(NIH)에서는 내년 7월
상용화를 목표로 백신 개발 중이다.

증상

● 잠복기를 거쳐 열, 오한, 두통, 식욕부진,
근육통 등의 증상이 나타난다.
● 가장 치명적인 증상은 내부의 출혈이다.
우리 몸의 면역을 담당하는 대식세포는 에볼라
바이러스를 잡아먹는 과정에서 혈액을 응고시키고
혈관에 손상을 줄 수 있는 이산화질소를 분비한다.
● 실제 가장 많은 사망자가 과다출혈로 인한
저혈압 및 쇼크사로 사망한다. 일부 환자의 경우
탈수증상으로 사망하기도 한다.

우간다
425

224

콩고
143
128

콩고
민주공화국

264
187

가봉
37 21

가봉
60 45

콩고
35 29

수단
17 7

우간다
149
37

콩고
민주공화국
32 14

우간다
24 17

우간다
77

36

1996 1996~7 2000 2002 2003 2004 2007 2007 2008 2012 2012 2014
57 **75** **53** **90** **83** **41** **71** **25** **44** **71** **47** **54**

인류와 전염병의 오랜 전쟁

자이르와 수단에서 발생한 질환이 정말로 미지의 존재임이 밝혀지자 세계는 순식간에 공포에 휩싸였다. 그도 그럴 것이 인류의 역사에서 새로운 전염병의 유행은 예외 없이 엄청난 희생을 몰고 왔기 때문이었다. 중세 유럽을 휩쓸었던 흑사병은 단 4년(1347~1351) 만에 당시 유럽 전체 인구의 1/3에 해당하는 2400만 명의 목숨을 앗아갔으며, 16세기 초반에는 2000만 명에 이르던 중앙아메리카의 아즈텍 제국의 인구는 스페인 약탈자들의 몸에 묻어온 천연두와 홍역 바이러스의 공격에 무참하게 쓰러져 1세기 만에 1/10도 채 안 되는 160만 명으로 급감했다. 이런 현상은 20세기에도 이어져 1914년 전세계를 강타한 스페인 독감은 무려 2000만에서 1억 명에 달하는 사람들의 목숨을 앗아갔는데 이는 20세기 초 발생한 두 차례의 세계대전에서 희생된 사람들보다 많은 수치였다.

이밖에도 콜레라, 말라리아, 결핵, 디프테리아, 소아마비 등 다양한 미생물들은 사람들을 끊임없이 공격했고, 그때마다 많은 이들이 속수무책으로 죽어나갔다. 19세기 이전의 인구 증가가 그토록 더뎠던 이유 중의 하나도 끊임없는 전염병의 유행 탓이었으며, 20세기 이후 인구의 폭발적인 증가의 배경에는 효과 좋은 백신과 항생물질의 개발이 있었다. 항생물질의 개발은 결핵의 위치를 '창백한 죽음의 천사'에서 '치료받으면 낫는 병'으로 격하시켰고, 백신의 보급은 아예 지구상에서 천연두의 붉은 그림자 자체를 지워버렸다. 그런데 갑자기 에볼라가 등장했다. 어떠한 예방법도 치료법도 없는 치명적인 질환이 말이다. 당연히 인류는 과거의 끔찍한 기억을 떠올리며 아찔해지지 않을 수 없었다.

그러나 1976년의 에볼라는 더 이상 퍼지지 않고 진정 국면에 들어섰고, 몇 달 뒤 아예 자취를 감춰버리고 말았다. 이상한 일이었지만, 어쨌든 다행스러운 일이었다. 이후 38년이 지나는 동안 에볼라는 모두 19차례 더 발생해서 모두 2403명의 환자가 발생했고, 이 중 1594명이 사망(치사율 66.3%)했으나, 모두 자이르(콩고), 수단, 우간다, 가봉 등 중부아프리카 지역에서만 발병했고, 외부로 확산되지 않아 상대적으로 세계인의 관심 속에서 멀어지면서 급기야 '아프리카 지역의 풍토병'으로 인식되는 수준에 이른다. 하지만 에볼라에 대한 사람들의 관심이 느슨해지자, 에볼라는 기다렸다는 듯 반격을 시작했다.

2013년 12월 2일, 아프리카 기니의 남부 게케두에서 2살 난 남자아이가 최초로 에볼라 증세를 보인 이래, 주변 국가인 라이베리아와 시에라리온 등으로 무섭게 번져나가기 시작했던 것이다. 더구나 그동안의 에볼라가 소규모로 발생해 저절로 사그라 들었던 것과는 달리 이번에는 1년 가까이 지나도록 기세가 꺾일 줄 모르고 있고, 급기야는 아프리카를 넘어 유럽(스페인)과 미국에서도 에볼라 환자가 발생하기에 이른다.

2015년 1월 7일을 기준으로 세계보건기구(WHO)와 미국 질병통제예방센터(CDC)가 공식 발표한 전세계 에볼라 확진 환자와 사망자는 각각 2만 747명과 8235명(사망률 39.7%)으로 역대 최대 규모다. 하지만 거의 모든 전문가들은 이 숫자는 단지 '확인된' 숫자일 뿐이며, 실제의 에볼라 환자와 사망자는 이를 훨씬 웃돌 것으로 예측하고 있다. 열악한 현지의 의료 수준과 다양한 이유로 인해 의료진을 만나지 못하고 사망하거나 혹은 아예 의료진을 찾지 못하는(혹은 찾지 않는) 사람들의 수도 상당하기 때문이다. 게다가 아직까지 에볼라는 진행 중이기 때문에 생존자에 속한 사람들이 얼마나 더 사망자로 바뀔지는 알 수 없는 일이다.

미지의 바이러스, 등장하다

19세기 말, 독일의 코흐와 프랑스의 파스퇴르에 의해 '미생물 병원체설'이 확립되면서 소위 '코흐의 공리(Koch's Postulaion)[3]'가 확립되었다. 이로 인해 전염 가능한 질병들에는 반드시 원인이 되는 미생물이 존재하며, 이 미생물이 인체로 유입되는 경로를 차단하면 질병을 예방할 수 있고, 설사 몸 안으로 침입하더라도 미리 면역 체계를 갖추고

3 코흐의 공리
1. 미생물은 어떤 질환을 앓고 있는 모든 생물체에게서 다량 검출되어야 한다.
2. 미생물은 어떤 질환을 앓고 있는 모든 생물체에게서 순수 분리되어야 하며, 단독 배양이 가능해야 한다.
3. 배양된 미생물은 건강하고 감염될 수 있는 생물체에게 접종되었을 때, 그 질환을 일으켜야 한다.
4. 배양된 미생물이 접종된 생물체에게서 다시 분리되어야 하며, 그 미생물은 처음 발견한 것과 동일해야 한다.

있거나(백신) 미생물의 특성을 알면 이를 물리칠 수 있는 치료제로 이를 퇴치할 수 있다. 예를 들자면, 콜레라는 오염된 식수를 통해 전염되므로 모든 식수와 음식물을 끓여 먹고, 예방 백신을 접종하면 콜레라에 걸릴 위험을 현저하게 낮출 수 있다. 설사 콜레라에 걸렸다 하더라도 적절한 항생제를 이용하고 콜레라 독소가 일으키는 탈수 현상을 막기 위해 충분한 수액을 공급한다면 얼마든지 완치될 수 있는 질병이다. 에볼라 환자들의 혈액 샘플을 통해 원인이 되는 바이러스를 검출한 학자들은 이제 이들이 어떤 경로를 통해 전염되고, 어떻게 백신을 제조할 수 있는지, 어떤 경로를 통해 인체에 해를 입히며 어떻게 치료할 수 있는지에 대해 연구하기 시작했다.

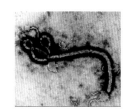

1976년에 최초로 발견된 에볼라 바이러스의 전자현미경 사진

먼저 이들이 주목한 것은 에볼라 바이러스의 정체였다. 에볼라 바이러스는 바이러스 분류 계통에서 필로바이러스(filovirus)과에 속한다. 필로(filo)란 라틴어에서 유래된 말로 '실처럼 생긴(thread-like)'이라는 뜻으로, 1967년 독일의 마르부르크(Marburg) 대학의 연구원이 아프리카 녹색원숭이의 조직을 연구하다가 조직에 섞여 있던 미지의 바이러스에 감염되어 숨지면서 알려졌다. 이 마르부르크병의 원인이 되었던 마르부르크 바이러스가 바로 필로바이러스의 한 종류였던 것이다. 에볼라 역시도 필로바이러스에 속하므로, RNA를 가지는 RNA 바이러스이며, 그만큼 변이와 변종이 자주 등장한다. 현재까지 알려진 에볼라 바이러스만 해도 모두 다섯 종류이며, 이 중 자이르형이 가장 자주 발생하며, 사망률 역시 가장 높게 나타나곤 했다.

에볼라 바이러스가 체내에 유입되면 약 2일에서 21일간의 잠복기

에볼라 바이러스의 종류와 특징

종류	최초 발견지	사망율	특징
자이르 형	1976년 자이르	80~99%	2014년 에볼라는 자이르형의 변종
수단 형	1976년 수단	53~64%	
레스턴 형	1989년 필리핀	0%	공기전염 가능하지만 영장류만 감염되고, 사람에게는 무해
코트디부아르 형	1994년 코트디부아르	0%	지금까지 인간 감염자는 1명이며, 회복되었다.
분디부교 형	2007년 우간다	29.4%	

세계로 확산되고 있는 10가지 바이러스

2006년 유엔식량농업기구는 무분별한 삼림벌채와 밀림개발로 우리가 겪을 수 있는 감염병들을
발표했다. 잘 기억해두길 바란다. 앞으로 자주 마주치게 될지 모르는 바이러스들이다.

바이러스	분포	숙주 또는 보균자	특징
아르보 (황열, 뎅기, 치쿤구냐, 오로퓨스 등)	아프리카 사하라 사막 이남 남아메리카	모기, 영장류	발열과 근육통, 오한, 두통, 구토, 황달, 출혈 등
인간면역결핍 (HIV-1, HIV-2)	열대 지역	침팬지, 맹거베이 원숭이	후천성면역결핍증(AIDS)
에볼라	아프리카	영장류, 박쥐	발열과 근육통, 오한, 두통, 출혈 등
니파	남아시아	박쥐, 돼지	두통과 발열
SARS *백신 개발	동남아	박쥐, 사향고양이	발열과 근육통, 무력감, 두통, 기침과 호흡곤란 등
광견병 *백신 개발	전 세계	개, 설치류, 박쥐를 비롯한 야생동물	발열과 두통, 무력감, 식욕저하, 구토 등
록키산 홍반열 *치료제 개발	북아메리카	진드기	발열과 구토, 궤양, 경련, 탈수 등
마르부르크	아프리카 사하라 사막 이남	녹색원숭이	발열, 오한, 근육통, 구토와 설사, 출혈 등
라사	서아프리카	아프리카집쥐	발열, 오한, 구토와 설사, 출혈 등
헨드라	오세아니아	박쥐	두통과 발열

※마르부르크, 라사, 헨드라 바이러스는 유엔식량농업기구 외 다른 자료를 참조.

를 거친 후 발병하게 되는데, 초기 증상은 인후통, 두통, 고열, 오한 등
으로 독감이나 말라리아와 비슷하다. 하지만 질병이 진행되면 피부에
발진이 생기고, 모세혈관이 터져 점상 출혈이 나타나며, 혈액이 굳지 않
는 응고 장애와 혈액 순환 장애, 소화기관 출혈이 일어난다. 정식 명칭
이 에볼라 출혈열이라 환자들이 출혈로 인해 사망한다는 오해가 있었으
나, 실제 출혈량은 생각보다 많지 않으며[4], 출혈은 대부분 소화기관 내
부에 집중되고, 대개는 조직의 괴사로 인한 다발성 장기부전으로 사망
하게 된다.

4
에볼라 환자의 출혈량은 산모
가 출산시 흘리는 피의 양보다
도 적다. 다만 외부 출혈이 시
작되면 대개는 예후가 좋지 않
다고 한다.

피에서 손으로 옮겨지다

질병을 일으키는 바이러스의 존재가 밝혀지자 그 다음으로 주목한 것은 이 바이러스의 감염 경로였다. 이것만 확실히 알아 차단해도 질병의 대규모 유행은 막을 수 있기 때문이다. 연구를 통해 에볼라 바이러스는 체액의 직접적인 접촉을 통해 전염된다는 것이 밝혀졌다. 환자들의 몸에서 채취한 시료들을 검사한 결과, 혈액뿐 아니라, 림프액과 침, 대소변과 정액 속에서도 에볼라 바이러스들이 포함되어 있는 것이 확인되었다. 다만 이들은 독감을 일으키는 인플루엔자 바이러스와는 달리 공기 중으로는 전염되지 않으며 환자의 체액과 직접적으로 접촉하는 경우에만 옮겨진다. 즉, 에볼라 환자의 피가 묻은 주사기에 찔리거나, 환자와 입맞춤을 하거나, 혹은 환자의 분비물이 묻은 손을 무심코 입이나 눈으로 가져가 점막과 접촉할 때 옮겨진다는 것이다. 에볼라 바이러스는 건조함과 자외선에 약해서 햇빛에 노출되거나 수분이 마르면 죽기 때문에 접촉 없이 에볼라 바이러스 환자와 같은 공간 내에 있는 것만으로는 전염되지 않는다.

'직접적인 체액 접촉'으로 에볼라가 옮겨진다는 것은 에볼라로 인해 사망한 사람의 장례식이 에볼라 발생 초기의 주된 전염 경로가 된 이유를 설명해준다. 아프리카의 전통적인 장례 절차에는 가족들은 시신의

에볼라

2000년 우간다에서 발발한
에볼라 바이러스에 감염된 환자들의 모습

에볼라 출혈열의 징후와 증상을 알려주는 안내판

안팎을 맨손으로 깨끗이 닦아내고 나머지 사람들도 애도의 표시로 망자(亡子)의 손과 얼굴에 입을 맞추는 의식이 포함된다. 최초의 환자로 지목된 마발로의 가족들 역시도 이에 따라 가족들은 맨손으로 입 안에 남아 있던 피가 섞인 토사물과 코피를 닦아냈으며, 그의 친지와 친구들은 그의 시신을 어루만지며 입맞춤을 했다고 한다. 이 과정에서 추가로 21명의 감염자와 18명의 사망자가 발생했다. 에볼라는 이처럼 체액을 통해 직접적으로 옮겨지기에 환자와 친밀한 접촉을 했던 가족들이나 의료진들이 높은 비율로 에볼라에 전염되었고, 에볼라의 전염 경로가 파악되기 전에는 오염된 의료기구들을 통해 전염되는 경우도 많았다.

에볼라의 감염 경로가 체액을 통한 감염이라는 사실은 사람들의 관심을 최초의 환자가 누군지, 그가 도대체 어떤 경로를 통해 에볼라 바이러스를 지니게 되었는지로 몰고 갔다. 당시 의료진과 학자들이 초기에 주목한 것은 고릴라와 같은 유인원들이었다. 고릴라는 사람처럼 에볼라 바이러스에 취약해 에볼라 증상을 나타내며, 심지어 2007년에는 고릴라들 사이에 에볼라가 유행해 이 지역 고릴라의 1/3이 멸종하는 대참사도 일어났기 때문이었다. 하지만 계속된 연구 결과 고릴라 역시도 사람처럼 다른 동물에 의해 감염되어 발병한 것이며, 에볼라 바이러스는 보유하고 있지만 발병하지 않은 채 생존하다가 고릴라와 사람에게 모두 바이러스를 전달하는 중간 숙주가 있을 것임을 짐작하게 했다. 그들의 의심은 과일박쥐로 모아졌다.

2013년, 가나에서 요리하기 위해 준비한 야생 동물 고기. 아프리카 적도 지역에서 사는 야생 동물이 에볼라에 감염되었을 경우 이것을 먹었을 때 에볼라 바이러스에 감염될 수 있다.

과일과 박쥐, 맛있거나 위험하거나

과일박쥐(fruit bat)는 박쥐의 일종으로, 꿀이나 달콤한 과일을 주로 먹고 살아서 이런 이름이 붙었다. 그런데 에볼라 발생 지역을 지도에 표기하던 과학자들은 과일박쥐와 에볼라 사이의 묘한 상관관

과일박쥐 분포도와 에볼라 바이러스 발생지 사이의 관계(WHO 2009)
에볼라 혈청 발견 지역(노란색)과 발병 지역(빨간색), 동물 감염 지역(짙은 파란색)은 모두 과일박쥐가 사는 범위 안에서 나타났다. 에볼라 혈청은 과거 이곳에 에볼라 감염이 있었음을 의미한다. 최근 라이베리아와 시에라리온, 기니, 나이지리아가 발병 지역으로 추가됐다.

▨	에볼라 혈청 발견 지역
▨	에볼라 감염 환자 외부에서 유입
▨	에볼라 발병 지역
▨	필리핀에서 수입한 원숭이에서 에볼라 발생
▨	자국 원숭이와 돼지에서 에볼라 발생
⬚	과일박쥐의 분포

©동아사이언스

2002~2003년 8000명 넘게 감염돼 774명이 사망한 중증급성호흡기증후군(사스, SARS)이 퍼지는 양상도 이번 에볼라와 매우 비슷했다. 사스는 원래 중국 광동성 밀림에 사는 야생 사향고양이가 숙주인데, 언젠가부터 이 고양이를 사람들이 잡기 시작한다. 2002년, 한 사냥꾼이 바이러스에 처음으로 감염된다. 사냥꾼을 치료하다 전염된 의사는 홍콩에서 미국인과 캐나다인에게 바이러스를 옮긴다. 그렇게 밀림에서 전 세계로 순식간에 바이러스가 퍼진다. 잘 살펴보면 이번 사태와 두 가지 공통점이 있다. 사람이 숲 속 깊숙이 살고 있는 야생동물과 접촉한 점, 교통의 발달로 환자가 다른 지역으로 빠르기 이동한 점. 과거에는 교통이 발달하지 않아 병에 걸려도 혼자 죽고 끝났다. 기껏해야 마을 하나에서 멈췄다. 이제는 야생 원시림에서 전 세계 대도시까지. 바이러스도 세계화가 됐다.

계를 찾아냈다. 즉, 사람들 사이에 에볼라가 발생했거나 혹은 동물에게서 에볼라 바이러스가 검출된 지역은 예외 없이 과일박쥐의 서식지와 겹쳤다. 반대로 과일박쥐가 서식하지 않는 지역에서는 자생적으로 에볼라가 발견된 적이 없었다. 특히나 환자가 집중적으로 발생했던 중서부 아프리카 지역은 과일박쥐를 식용하는 지역이었다. 학자들은 수천 마리의 과일박쥐를 잡아서 연구한 끝에 이들의 몸속에서 에볼라 바이러스를 발견했고, 박쥐가 갉아먹은 과일에 묻은 박쥐의 침이나 혹은 박쥐 고기를 제대로 익히지 않고 먹는 식생활을 통해 에볼라 바이러스가 박쥐의 몸속에서 인간의 몸으로 옮겨져 왔다고 추정하게 된다.

　과일박쥐는 에볼라 바이러스를 지니고 있어도 사람이나 고릴라와는 달리 발병하지 않고 보균만 하는 특

'코피루왁'을 만드는 것으로 유명한 사향고양이(Civet).
2002년 사스는 과일박쥐에서 전염된 야생 사향고양이에서 시작됐다.

징을 보인다. 이는 과일박쥐가 5200만 년 전인 신생대부터 여러 바이러스들과 접촉하면서 진화하는 과정에서 바이러스에 대항하는 중화항체(neutralizing antibody)[5]를 만들어내는 데 성공해서 이들과의 공존이 가능해졌기 때문이다. 체내에 에볼라 바이러스를 지니고 있음에도 발병하지 않는다는 특징이 박쥐의 독특한 생활 습관[6]과 어우러져 많은 과학자들은 현재 과일박쥐를 에볼라 바이러스의 중간 숙주로 꼽고 있다. 그래서 학자들은 아프리카 현지에서 과일박쥐를 생식(生食)하지 말고, 가능한 과일박쥐가 접촉했을만한 과일은 먹지 말 것을 권고하고 있으나, 오랫동안 내려온 식습관을 단시일에 바꾸기는 쉬운 일이 아니어서 그 효과는 아직 크지 않은 실정이다.

에볼라에 대한 연구는 왜 더딘가

질병을 일으키는 원인균과 전파 경로가 알려지면, 사람들은 낙관하게 된다. 미지의 공격자가 더 이상 미지의 존재가 아님을 알았으니 곧 이에 대항할 수 있는 백신이나 치료제가 개발될 것이라고 생각하기 때문이다. 하지만 에볼라의 경우, 바이러스의 정체가 밝혀졌음에도 아직 뚜렷하게 효과가 입증된 백신이나 치료제가 존재하지 않기 때문에 더더욱 사람들을 애타게 만들고 있다.

먼저 백신부터 살펴보자. 백신(vaccine)이란 인체의 면역계를 활성화시켜 특정 질병에 대한 면역력을 갖추게 만드는 의약품을 말한다. 백신을 만드는 법은 여러 가지[7]가 있지만 에볼라 연구의 경우, 백신을 제조하

5
보통의 항체(antibody)들은 외부에서 들어온 항원(병원체)에 특별한 표지를 해서 백혈구가 이들을 골라서 공격할 수 있게 하는 작용을 한다. 그런데 중화항체는 항원에 결합하여 이를 중화시켜 이들이 신체 내에서 질병을 일으키지 못하게 막기에 백혈구가 나설 필요 자체가 없다.

6
박쥐는 종류가 매우 많고(전체 포유류의 종류 중 20%인 900여 종이 박쥐다), 작은 동물 치고는 수명이 길어 25년 정도 사는데다가 폐쇄된 동굴 지역에 수백만 마리가 살며, 초음파를 발산하기 위해 코에서 분비물을 내뿜는 습관 탓에 다양한 바이러스의 전달자 역할을 한다고 알려져 있다.

7
백신은 제조법에 따라 크게 네 가지로 나뉜다.
① **약독화 생백신** : 살아있는 병원체의 활성을 크게 약화시켜 만든 백신. 예방효과도 뛰어나고 1회 접종으로도 예방효과를 볼 수 있지만, 살아 있는 상태로 유지시켜야 하기 때문에 유통과 운반 과정에서 변질되지 않도록 주의해야 하며 종종 심각한 부작용이 나타날 수 있다. 홍역, 풍진, 볼거리 백신 등.
② **사균 백신** : 병원체를 사멸시킨 뒤 항원만을 이용해 만든 백신. 백신 자체의 안정성은 뛰어나지만, 3-5회 정도 반복 접종해야 하는 특성이 있다. A형 간염, 백일해, 콜레라, 소아마비 백신 등

③ **톡소이드 백신** : 병원체가 만들어낸 독성물질만을 골라서 비활성화시켜 만든 백신. 병원체 자체가 아니라, 병원체가 만들어낸 독소에 의해 질병이 발생하는 경우에만 제조 가능하다. 파상풍, 디프테리아 백신 등
④ **유전자 재조합 백신(다당류 백신)** : 병원체에서 인체의 면역계가 인식하는 항원 부위만을 인위적으로 유전자 재조합하여 만든 백신. 안전성은 가장 뛰어나지만, 면역 효과가 상대적으로 떨어지는 편이라 추가 접종이 필요하다. B형 간염, 장티푸스 등

는 것 자체도 까다로울 뿐 아니라 동물실험 결과 효능이 있는 백신이 개발되었다고 하더라도 이를 인체를 대상으로 실험하기엔 여러모로 걸림돌이 많다. 일단 에볼라뿐 아니라 그 어떤 백신에서도 예방 효과만큼 중요한 것이 백신 자체의 안전성이다. 백신이란 기본적으로 그 자체가 질병을 막아주는 효과가 있는 것이 아니라, 이 백신을 통해 인체의 면역계를 활성화시켜 특정 질병에 대항하는 항체를 스스로 만들어내도록 유도하는 역할을 한다. 이때 사용되는 백신의 종류에 따라 드물지만 백신 자체의 안전성 문제로 치명적인 부작용[8]이 나타나는 경우도 있다. 따라서 어떤 백신이든 대규모로 배포되기 이전에 안전성을 철저히 검증해야 하는데, 에볼라는 질병 자체가 워낙 치명적이어서 안정성을 검증하는 방법 또한 심사숙고해야 하는 문제가 있다. 또한 백신의 효력을 명확히 확인하기 위해서는 백신을 접종받은 이들이 질병 원인균에 노출되어도 정말로 병에 걸리지 않는지를 확인해야 하지만(여기에 위약(僞藥)을 투여받은 대조군까지 포함되어야 완벽한 테스트가 된다), 에볼라의 경우 치사율이 워낙 높아서 애초에 이런 실험을 한다는 것 자체가 윤리적 논란으로부터 자유롭지 못한 상태이다. 따라서 현재 개발 중인 에볼라 백신의 경우, 유인원들을 대상으로 한 실험에서는 효과가 입증되었으나 사람을 대상으로는 임상 실험이 진행되지 못했고, 이에 현재까지도 공식적으로 에볼라에 효능이 있다고 입증된 백신은 나오지 않은 상태이다.

에볼라의 파장이 점점 더 커지자 일각에서는 개발 중인 백신−물론 유인원에게서 효과를 본 백신−을 에볼라 창궐 지역으로 파견되는 의료진들에게 예방책으로 투여하는 방안과 현재 창궐 지역의 주민들을 대상으로 보급하는 방안 등이 제시되고 있는데, 그 어떤 쪽도 실질적, 윤리적 논란에서 자유롭지 못하다. 또한 에볼라 바이러스가 유독 유전자 변이가 심한 RNA 바이러스[9]라는 사실도 에볼라 백신 개발에 걸림돌이 되고 있다. 어떤 바이러스에 대해 백신을 접종받고 이에 대한 면역력을 획득했다고 하더라도, 바이러스가 돌연변이를 일으켜 유전자 구조가 변하면 이전에 접종한 백신이 무용지물이 되는 경우도 많다. 일례로 우리가 매년 가

8
실제로 경구용 소아마비 생백신의 경우, 약독화된 바이러스가 장내에서 돌연변이를 일으켜 독성을 회복하는 바람에 이를 접종받은 아이들이 오히려 소아마비에 걸리는 사고가 발생한 적이 있다. 물론 이러한 가능성은 70만~140만 명 당 1명이라는 낮은 비율이었지만, 이후로 경구용 소아마비 생백신은 현재 더 이상 사용되지 않으며 현재는 바이러스를 사멸시켜 만든 백신을 이용하고 있다.

9
사람처럼 유전물질이 DNA인 경우에는 유전자 오류 복구 능력이 있어서 설사 유전자 상에 돌연변이가 일어난다고 하더라도 원래대로 재복구되는 경우가 대부분이지만, RNA 바이러스는 유전자 오류 복구 능력이 없어서 한 번 돌연변이가 일어나면 그대로 축적된다.

을마다 독감 백신을 반복 접종해야 하는 것은 독감을 일으키는 인플루엔자 바이러스 역시도 유전적 변이가 심한 RNA바이러스라 해마다 돌연변이를 일으켜 전에 맞았던 백신은 1년 후에는 무용지물이 되기 때문이다.

에볼라 치료, 시작과 희망

　그렇다면 치료는 어떻게 할까? 최근 에볼라 관련해서 들려온 그나마 희망적인 소식은 감염자의 혈청을 이용한 수동면역치료와 아직 개발 중인 신약의 사용이 에볼라 환자들 중 일부에게서 효과를 보였다는 사실이다. 우리 몸은 외부에서 병원균이 침입하면 이에 대응하기 위해 일종의 무기인 항체를 만들어낸다. 이렇게 우리 몸이 스스로 병원체를 인식하고 항체를 만들어내는 과정이 바로 능동면역이며, 백신의 주요 원리다. 하지만 항체를 만드는 과정은 시간이 많이 걸려 그 시간 동안 질병이 악화될 수 있으며, 모든 사람들에게 꼭 맞는 항체를 만들어낼 수 있는 것은 아니다.

　수동면역이란 이미 타인의 몸에서 만들어졌거나 혹은 다른 방식으로 제조된 항체를 직접 투여함으로써 질병을 치료하는 방식을 말한다. 수동면역은 일단 질병의 원인균이 들어왔을 때 아직 체내에서 충분한 양의 항체가 만들어지지 않은 경우에 매우 유용한 치료제로 이용될 수 있다. 수동면역의 원리는 이미 19세기 말에 실제적으로 질병을 치료할 수 있는 효과가 있음이 입증된 바 있으며[10], 이번 에볼라 사건에서도 실제로 에볼라에 걸렸다가 회복된 사람의 혈액에서 추출한 혈청[11]을 이용해 환자가 회복된 사례가 보고되어 그나마 위안이 되었다. 하지만 이런 방식으로 만들어지는 에볼라 항혈청은 에볼라에 걸렸다가 나은 사람의 체내에서만 만들어지기 때문에 대량 생산이 불가능하며 그나마도 계속해서 추출하기도 어렵다. 그래서 사람들의 관심은 현재 개발 중인 에볼라 치료제로 몰리고 있다.

채혈 직후의 혈액(좌)과 세포 성분과
액체 성분으로 분리된 혈액(우)

10
독일의 의사이자 생리학자였던 에밀 베링은 수동면역법을 이용해 디프테리아를 치료하는 데 성공했으며, 이 공로로 1901년 첫 번째 노벨생리의학상의 주인공이 되었다.

11
혈액을 채취해서 가만히 놓아두면 혈액이 두 층으로 분리되는 것을 볼 수 있다. 아래에 가라앉은 짙은 붉은색의 덩어리는 혈액 속 세포 성분인 적혈구, 백혈구, 혈소판 등이 가라앉아 만들어진 혈병(血餅)이고, 위에 뜬 노란 액체는 혈액의 액체 성분인 혈장(血漿)이다. 액체 성분인 혈장에서 혈액 응고에 관여하는 물질을 제거한 것이 혈청이다. 혈청은 눈으로 보기에는 그저 노란색의 액체에 지나지 않지만, 그 안에는 질병에 대항하는 다양한 항체들이 들어 있다.

에볼라 발생

확진

의심

에볼라가 확실할 경우
에어 앰뷸런스로 수송

?

에볼라 환자는
어떻게 치료받을까?
에볼라가 확진된 환자는
17개 국가지정입원치료병원 중
가까운 병원으로 옮겨진다.
이곳에 설치된 격리병상에도
헤파필터가 설치돼 있다.
외국에서 치료제를 들여올 때까지
증상치료(대증요법)만 진행한다.

국립의료원 등 17개 지정병원

생물안전도의 정의 및 취급 병원체의 종류

연구시설	정의	취급 병원체 예시
1 등급	건강한 성인에게는 질병을 일으키지 않는 병원체로 실험 가능.	비병원성 대장균, 비병원성 박테리아 등
2 등급	증세가 경미하고 치료가 쉬운 병원체, 사람 간 전염이 잘 일어나지 않는 병원체 실험 가능.	조류인플루엔자 바이러스, 살모넬라, HIV 등
3 등급	발병했을 경우 증세가 심각할 수 있으나 치료가 가능한 병원체 실험 가능.	탄저균, SARS, 코로나 바이러스 등
4 등급	발병했을 경우 증세가 치명적이며 치료가 어려운 병원체는 반드시 이곳에서만 실험.	천연두 바이러스, 에볼라 바이러스 등

머리에서 발끝까지
흰색 보호복을 착용.
바이러스를
거를 수 있는
N-95마스크 착용.

복장은 BL3와 동일.
헤파필터가 달린
안면부 밀폐장치를 착용.
격리실험시설
(isolator)에서 실험.

실험실과 완전히
공기가 차단된
보호복을 착용.
바이러스가 안으로
침투하기 어려움.

BL3
보호복

BL3+
안면부밀폐

BL4
양압복

존스 홉킨스 병원 등 35개 지정병원

"
에어 앰뷸런스가 없는
우리나라는 해외에서
에볼라 환자가 발생하면
속수무책이다
BL4실험실이 없어
확진이 안 되고
치료제도 없다
"

국내에서 의심 환자가 발견되면?
의심 환자의 검체(혈액이나 침 등)를 추출해
질병관리본부의 BL3+ 실험실로 가지고
간다. BL3 이상 실험실은 완전히 밀폐된
공간에 음압이 유지되고 있어 바이러스가
외부로 새어나가지 못한다.

의심 환자의
검체 추출

BL4

의심 환자의
검체 추출

검체를
미국으로 보내 확진.

BL3+

BL3+와 BL4 비교

구분	BL3+	BL4
헤파필터	1겹	2겹
공기순환	10회/시간	20회/시간
호흡방식	헤파필터로 호흡	외부와 연결된 호스로 호흡
복장	BL3+ 안면부밀폐	BL4 양압복
유지비용(전기료)	약 2000만 원/월	약 4000만 원/월
공통	격리실험시설(isolator)	

BL4
BL3+

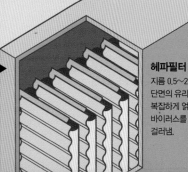

헤파필터
지름 0.5～2μm
단면의 유리섬유가
복잡하게 얽혀있어
바이러스를
걸러냄.

현재 세계 각국에서 개발 중인 에볼라 치료제의 매커니즘은 항체 치료제, RNA 간섭 치료제, 저분자의약품 치료제의 세 가지 종류다. 이 중에서 가장 많이 알려진 것이 바로 첫 번째인 항체 치료제로 미국의 맵바이오제약이 만든 지맵(Zmapp)이 가장 유명하다. 이는 쉽게 말하면 앞서 말한 에볼라에게서 회복된 환자의 혈청 속에서 발견되는 항체를 인위적으로 만드는 방법이라고 생각하면 쉽다. 말은 이렇게 쉽지만 실제로 지맵을 만드는 과정은 여간 복잡하지 않다.

먼저 지맵을 만들기 위해서는 생쥐에게 에볼라를 주입시키는 것에서부터 시작된다. 그러면 생쥐의 면역계가 에볼라에 대항하는 항체를 만들어낸다. 하지만 이는 어디까지나 생쥐의 항체이므로 사람에게 직접 투여할 수 없다. 그래서 과학자들은 우회방법을 찾아냈는데 생쥐에게 에볼라를 투여한 뒤, 생쥐의 면역계가 활성화될 때까지 기다렸다가 생쥐의 비장에서 에볼라 항체를 만드는 면역세포인 B세포만을 골라내 유전자를 분리해 낸다. 이렇게 분리한 유전자는 다시 인간의 항체 유전자와 비슷해지도록 조작하는 과정을 거쳐야 한다. 하지만 이렇게 만들어진 항체는 양이 너무 적으므로 다시 이를 유전자 운반체에 담아 식물의 염색체(지맵의 경우 담배를 이용했다)에 넣어서 식물이 대량으로 항체를 만들어내도록 유도한다. 복잡한 과정을 거쳐 만들어진 '에볼라 항체 함유 담배'를 두 달 이상 키운 뒤에 수확한 담배잎을 특수 공법을 이용해 항체만 추출해서 걸러낸 것이 바로 신개념 에볼라 항체 치료제인 '지맵'이다.

2014년 기준으로 지맵은 아직 어떠한 공식적인 허가를 받지 못한 개발 단계의 약이었으나, 원숭이를 이용한 동물 실험에서 100%의 치료 효과를 보인 바 있어 에볼라에 감염된 뒤 자국으로 보내진 두 명의 미국인에게 투여되었다. 다행히도 이들 두 명의 환자들은 모두 상태가 호전되었고, 이에 지맵은 '에볼라 치료제'로 각광받기 시작하면서 지원 요청이 쇄도하였다. 하지만 역시 에볼라에 걸려 지맵을 투여 받은 스페인의 신부와 라이베리아인 의사는 사망했고, 영국인 간호사는 회복하는 등 약효가 일정치 않아서 아직까지 지맵의 효능은 확실히 확인되지 않은 상태이다.

지맵은 어떻게 만들어질까?

지맵의 개발사인 맵 바이오텍은 식물공장을 이용해
단일클론항체를 만드는 데 성공했다.

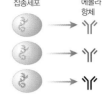

❸ B세포를 암세포와 융합시켜 잡종세포를
얻는다. 잡종세포는 각 당단백질에 특이적으로
반응하는 항체를 생산한다(단일클론항체).

❶ 에볼라 당단백질을
세 부분으로 쪼개
쥐에 주입한다.

❷ 쥐의 B세포가 반응해
항체를 생산한다.

❹ 잡종세포의 항체
유전자를 플라스미드에
끼워 넣는다.

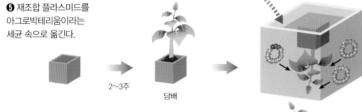

❺ 재조합 플라스미드를
아그로박테리움이라는
세균 속으로 옮긴다.

2~3주

담배

❻ 식물을 수조에 넣고,
수조를 진공 상태로
만들면 아그로박테리움이
담배의 세포 안으로
이동한다.

2~3일

❼ 아그로박테리움은
담배세포 속에서
에볼라 항체를 생산한다.

❽ 담뱃잎을 갈아 정제해
에볼라 항체를 얻는다.

※플라스미드 :
재조합 유전자를
삽입할 수 있는 원형의 DNA. 다른
세포 속에서 스스로 복제하거나
단백질을 만들 수 있다.

이밖에도 캐나다의 테크미라제약에서 만든 'TKM-에볼라'와
일본의 토야마화학이 개발 중인 '파비피라비르(favipiravir)'가 동물
실험 결과 에볼라 치료에 효과가 있음이 밝혀져 있지만, 인체에 대
해서는 효능과 부작용이 거의 알려지지 않은 상태다. 즉, 에볼라에
대한 인류의 대항 무기는 아직 초기 단계인 셈이다. 하지만 그 어떤
것도 알지 못했던 38년 전에 비하면 많이 발전된 것만은 틀림없다.

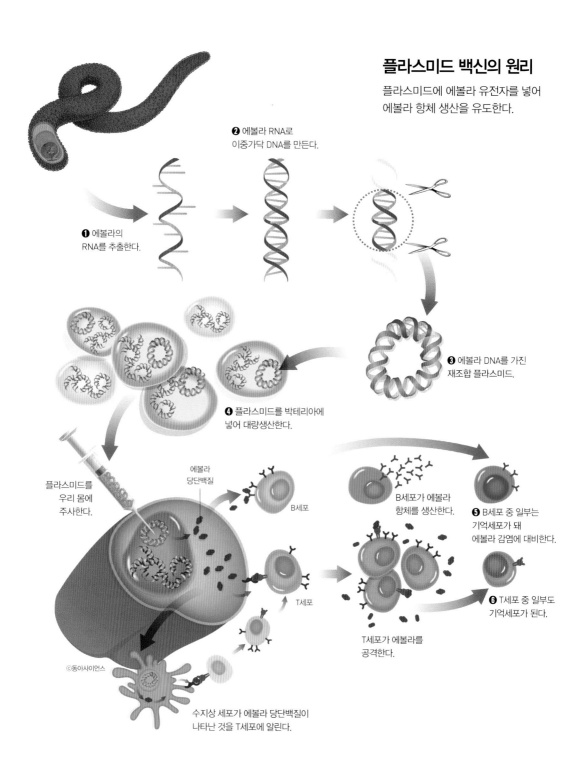

플라스미드 백신의 원리

플라스미드에 에볼라 유전자를 넣어
에볼라 항체 생산을 유도한다.

❷ 에볼라 RNA로
이중가닥 DNA를 만든다.

❶ 에볼라의
RNA를 추출한다.

❸ 에볼라 DNA를 가진
재조합 플라스미드.

❹ 플라스미드를 박테리아에
넣어 대량생산한다.

플라스미드를
우리 몸에
주사한다.

에볼라
당단백질

B세포

B세포가 에볼라
항체를 생산한다.

❺ B세포 중 일부는
기억세포가 돼
에볼라 감염에 대비한다.

T세포

❻ T세포 중 일부도
기억세포가 된다.

T세포가 에볼라를
공격한다.

©동아사이언스

수지상 세포가 에볼라 당단백질이
나타난 것을 T세포에 알린다.

에볼라

에볼라와 인간, 붉은 여왕의 영토 안에 서다

WHO와 CDC는 일주일 간격으로 이번 서아프리카 에볼라 사태에 대한 새로운 정보를 업데이트한다. 이번 에볼라 사태는 지금껏 발생된 에볼라 발생 사건 중 가장 최장 시간 동안 유행하는 중이며 가장 많은 사람들이 감염된 최악의 사례로 꼽힌다. 그런데 여기서 한 가지 변화가 관찰된다. 그것은 바로 가공할 정도로 치명적이었던 에볼라의 독력이 약화되었다는 것이다.

다섯 종류의 에볼라 바이러스 아형 중 가장 높은 유행률과 사망률을 기록했던 것은 자이르 형이었다. 유전자 분석 결과, 2014 에볼라 사태 역시도 자이르형 에볼라가 원인으로 밝혀졌다. 그런데 사망률은 이전과 차이를 보이고 있다. 기존 자이르형 에볼라의 사망률은 80~99%에 달했으나, 2014년의 경우 10월 27일을 기준으로 1만 3703명이 감염되어 그중 4920명이 사망해 사망률 35.9%를 기록하고 있다. 아직 생존해 있는 사람들 중에는 위독한 사람도 많기에 이 수치를 정확하다고 말하기는 어렵지만, 어쨌든 열 명 중 아홉 명을 절명시켰던 기존의 자이르형 에볼라답지 않은 모양새다. 학자들은 이번 사태에서 드러난 자이르형 에볼라의 독력 약화는 에볼라 바이러스가 최종 숙주인 인간에게 적응한 결과라고 추정하고 있다.

과거에도 이런 경우가 종종 있었다. 대개의 바이러스들은 종 특이성이 있어서 특정한 종에게만 기생하며 살아간다. 대개는 이렇게 특정 종에게만 고착된 상태로 살아가지만, 종종 돌연변이로 인해 다른 종을 감염시킬 능력을 가지는 신종 바이러스가 나타나는 경우가 존재한다. 이렇게 형성된 신종 바이러스들의 첫 이주는 새로운 숙주가 되는 개체들에게는 엄청난 위협으로 작용하게 된다. 신종 바이러스와 맞닥뜨린 숙주의 면역계는 이에 대한 대비가 전혀 없는 상태라 바이러스의 공격에 속수무책으로 노출되어 엄청난 숫자가 일시에 사망하게 된다. 하지만 숙주의 떼죽음은 바이러스의 자연 소실로 이어지게 된다. 숙주에 기생하지 못하면 살지 못하는 바이러스의 특성상 숙주의 전멸은 그대로 바이러스의 소멸로 이어지기 때문이다.

에볼라가 처음 등장했을 당시 들불처럼 퍼져나가던 에볼라 유행이 갑작스레 사라진 것도 같은 맥락에서 이해할 수 있다. 인체의 면역계에게 있어 에볼라 바이러스는 너무나 낯선 존재였기 때문에 전혀 힘을 쓰지 못했고, 이로 인해 사람들은 채 손을 쓸 틈도 없이 죽어갔다. 아프리카의 많은 마을들은 대부분 소규모의 고립된 공동체인지라 한꺼번에 많은 사람들이 에볼라 바이러스에 희생되자, 에볼라 바이러스 역시도 자신들을 생존시키고 번식시켜줄 새로운 숙주를 구하지 못해 저절로 사그라들고 만 것이다. 지난 38년간 에볼라 유행이 매번 비슷한 패턴의 소규모 유행으로 끝났던 것도 이 때문이었다.

하지만 38년 만에 다시 찾아온 에볼라는 달랐다. 분명 가장 독성이 강한 자이르형에 속하는 바이러스였지만, 기존의 자이르형에 비해서는 3% 정도의 오차가 있는 돌연변이였으며, 이 3%의 차이는 에볼라 사망률을 이전의 절반 이하로 떨어뜨리는 결과로 이어졌다. 하지만 이는 에볼라 바이러스의 약화의 결과라기보다는 오히려 '이보 전진을 위한 일보 후퇴' 전략에 가까운 것으로 봐야 한다. 실제로 이번 에볼라 사태가 과거에 비해 대규모로 확산된 배경에는 에볼라의 독성이 약해진 것이 결정적이었다고 보는 시선이 많다. 다시 말해, 에볼라의 독성 약화가 환자들을 더 오래 생존시키고 더 오랫동안 돌아다닐 수 있게 만들어 오히려 더 많은 이들에게 에볼라를 퍼뜨리도록 만들었다는 것이다.

실제로 역사상의 사례들을 살펴보면, 현대는 어린아이들이나 걸리는 가벼운 질환들이 처음 인류 집단을 공격하기 시작했을 때는 가공할 만한 위력을 지니고 있었다는 사실을 어렵지 않게 찾아볼 수 있다. 대표적인 것이 홍역으로, 현대의 홍역은 어린아이들이나 걸리는 질환이며 사망률도 높지 않지만, 소의 우역 바이러스가 인간에게 넘어와 홍역 바이러스로 변이되던 초기 시절에는 매우 높은 사망률을 보이는 위험한 질환이었다. 찬란한 고대 문화를 꽃피웠던 그리스 도시국가 아테네가 순식간에 몰락한 배경에는 홍역의 대유행이 커다란 역할을 했을 것이라는 가설은 매우 신빙성이 높다고 합의된 상태다.

바이러스에게 있어 숙주는 착취해야 하는 먹잇감인 동시에, 자신의 생존을 담보하는 서식처의 역할도 겸해야 하므로, 숙주를 지나치게 괴롭혀서 죽이는 것보다는 숙주의 생존을 보장한 상태로 적절히 수탈하는 것이 장기적인 생존과 번식을 위해 더욱 유리하다는 것을 바이러스 스스로도 몇 번의 소멸 위기를 넘기면서 깨우치는 듯하다.

매트 리들리는 자신의 저서『붉은 여왕』을 통해 숙주와 기생생물의 관계는 마치 땅이 움직이므로 계속해서 열심히 뛰지 않으면 곧 뒤처지는 '붉은 여왕의 나라'처럼 서로 공격과 방어의 균형이 맞지 않으면, 도태되기 마련이다. 다만 숙주와 기생생물의 관계는 숙주가 기생생물을 업고 있는 형태에서 숙주가 도태되면, 여기에 전적으로 기대어 살아가는 기생생물 역시도 같이 멸종되고 만다. 따라서 기생생물은 숙주의 등에서 떨어지지 않기 위해서 안간힘을 쓰는 동시에 숙주가 등에 멘 짐이 너무 무거워서 자포자기하고 주저앉지 않도록 지나친 부담은 주지 않아야 공존할 수 있다. 2014년 에볼라 사태에서 드러난 독성 약화와 사망률 저하는 몇몇 학자들의 머릿속에 조심스레 붉은 여왕 우화를 떠올리게 만들었다. 하지만 과거와 다른 점은 이제 우리에게도 선택권이 있다는 사실이다. 이제 우리는 우리에게 달라붙은 기생 바이러스의 존재를 알며, 이들의 전염 경로와 대비책, 치료책도 하나씩 구축하고 있는 상태다. 다만 바라는 것이 있다면, 한시라도 빨리 붉은 여왕의 나라에 적응하게 되는 것뿐이다. 그 과정에서 희생되는 생명의 존재를 하나라도 줄일 수 있도록 말이다.

에볼라

싱크홀

박건형

성균관대학교 신문방송학과와 화학공학과를 졸업하고, 서울
신문에서 과학전문기자로 일했다. 2013년부터 2년간 한국과학기술연
구원 유럽연구소 초빙연구원으로 유럽의 과학기술 대중화 정책, 유럽
과학관 등에 대한 정부 과제를 이끌었다. 2012년 한국기자협회의 '이
달의 기자상'을 받았고, 같은 해 12월 한국과학창의재단의 '올해의 과
학창의보도상'을 수상했다.

공포의 대상
도심 싱크홀,
대비책은?

싱크홀

우리는 흔히 '지구상'에 산다고 표현한다. 그렇다. 사람은 땅 위에서 사는 것이 일반적이다. 인생에서 가장 충격적인 일을 겪을 때 사람들이 흔히 '하늘이 무너지고 땅이 꺼진다'는 말을 하는 것은 이런 일이 일어나지 않으리라는 확신에서 비롯된 말일 것이다. 우리가 발을 딛고 있는 땅, 곧 지구 표면에 대한 확실한 믿음의 결과물이라고 할 수 있다.

하지만 2014년 한국 사회에서 가장 큰 안전 화두는 '싱크홀'이다. 싱크홀은 간단히 말해 '무너진 땅'으로 생긴 구멍이라고 할 수 있다. 비행기나 배를 타지 않는 이상 사람은 걷든, 자전거를 타든, 차를 타든 땅 위를 걷게 마련이다. 심지어 지하철을 타도 아래쪽은 여전히 또 다른 땅이다. 이런 상황에서 땅이 꺼질 수 있다는 것은 무엇보다 큰 두려움일 수밖에 없다. 도대체 싱크홀은 왜 갑자기 우리 곁에 나타나기 시작한 것일까.

과테말라시 한가운데 생긴 싱크홀

싱크홀은 원래 자연적 현상

2010년 7월 중남미 과테말라시 한가운데 20층 건물 높이만 한 구멍이 생겼다. 그곳에 있었던 3층 건물은 흔적도 없이 사라졌다. 과테말라 정부는 도시 개발로 지하수가 말라 지반이 무너져 내린 것이라는 조사 결과를 발표했다. 과테말라에서는 지난 2007년 4월에도 깊이가 100m나 되는 구멍이 생기면서 20여 채의 집이 빨려 들어가고 3명이 사망했다.

이런 일은 흔히 '해외토픽'에서나 볼 수 있는 일로 치부해 온 것이 사실이다. 하지만 2012년 2월 인천지하철 2호선 공사장의 지반침하로, 인천시 서구에서 왕복 6차선 도로 한 가운데가 지름 12m, 깊이 27m 가량 둥글게 주저앉으며 싱크홀이 생긴 것이다. 당장 인터넷 포털 등을 중심으로 '싱크홀'이라는 낯선 용어가 검색어에 등장하고 전문가들의 분석이 쏟아져 나오기 시작했다.

2012년 2월 18일 인천시 서구에서 가로세로 약 12m, 깊이 27m의 싱크홀이 발생했다.

싱크홀은 영어로 'sink hole'이다. 가라앉아 생긴 구멍이다. 원래 싱크홀은 자연적으로 형성된 것으로 자연에서 광범위하게 나타난다. 한국의 경우에는 지각운동이 매우 안정적이기 때문에 싱크홀을 접하는 것이 어려운 일이었지만, 중남미 등에서는 상상할 수 없는 규모의 싱크홀이 자연경관으로 각광받는 일도 흔하다. 멕시코의 제비동굴(Cave of Swallow)은 세계 최대의 수직 싱크홀로 지름 50m에 깊이가 376m에 이른다. 베네수엘라에는 해발 2000m가 넘는 산 정상부에 사리사리나마(Sarisarinama)라고 불리는 지름과 깊이가 350m에 이르는 거대 싱크홀이 연속적으로 나 있다. 바하마 부근에는 바닷속에 딘스블루홀(Dean's Blue Hole)이라는 지름 100m, 깊이 202m의 싱크홀이 있다. 박종관 건국대 지리학과 교수는 "이들은 모두 경이롭다 못해 보는 이의 심장을 멈추게 할 만큼 전율을 느끼게 하는 풍광을 갖고 있다"고 말했다. 모험가들의 도전의 대상이기로 하다. 제비동굴은 스카이다이버들, 딘스블루홀은 프리다이버들이 즐겨 찾는다. 지금까지 딘스블루홀에 도전하다 목숨을 잃은 다이버들이 1000명이 넘는다니, 자연 앞에서 인간이 초라한 존재라는 것은 다시 말할 필요조차 없는 일이다.

멕시코에 있는 제비동굴(왼쪽)과 베네수엘라에 있는 사리사리나마 싱크홀(오른쪽).

싱크홀의 원인은 지하수

싱크홀을 알기 위해서는 우선 싱크홀이 어떻게 생기는지를 알아야 한다. 싱크홀의 원인은 한 가지로 딱 잘라 말할 수 없다. 자연 상태에서 싱크홀은 납작한 그릇, 원기둥, 깔때기 모양으로 나타나며 생성 원인에 따라서는 세 가지 형태로 구분된다. 우선 '용해형 싱크홀'은 지표수나 빗물이 지표에 노출된 석회암을 녹이는 과정에서 생성된다. '침하형 싱크홀'은 암반층의 빈 공간으로 모래가 많이 포함된 토양이 오랜 기간 서서히 침하되면서 생성된다. 마지막으로 '붕괴형 싱크홀'은 점토층이 두꺼운 곳에서 발생하는데 점토의 점착력으로 인해 일정기간 버티다가 갑자기 붕괴되면서 나타난다.

반면 최근 화제가 되는 있는 도심의 싱크홀은 일반적으로 땅 속에서 지하수가 빠져나가면서 생긴다. 땅속에는 지층 등이 어긋나며 길게 균열이 나 있는 지역(균열대)이 있는데 이곳을 지하수가 채웠다가 사라지면 빈 공간이 생기면서 땅이 주저앉게 된다. 이 주저앉은 구멍이 바로 싱크홀이다. 지금까지 싱크홀이 한국에서 주목받지 못했던 이유는 싱크홀이 일반적으로 퇴적암이 많은 지역에서 깊고 커다랗게 생기기 때문이다. 퇴적암 지형에서는 빈 지하 공간이 쉽게 만들어지는 특징이 있다. 반면 우리나라의 경우 국토 대부분이 단단한 화강암층과 편마암층으로 이뤄져 있다. 구조적으로 땅 속에 빈 공간이 잘 생기지 않는다는 것이다. 반면 석회암층 지역은 강원도 일부와 전남 무안 등 일부 지역에만 국지적으로 존재한다.

흔히 약수터에서나 볼 법한 졸졸 흐르는

싱크홀이 생기는 과정

❶ 빗물이 퇴적층의 평평한 지면 아래로 스며들어 지하수를 만든다.

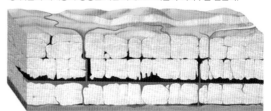

❷ 모래, 꺾인 나뭇가지 등이 지하수와 함께 흐르면서 땅 속 구멍을 점점 키운다.

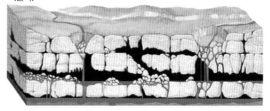

❸ 지하수 수위가 낮아지면서 지하수가 감당하고 있던 압력을 빈 동굴이 고스란히 받는다. 그 결과, 동굴이 무너지면서 싱크홀이 생긴다.

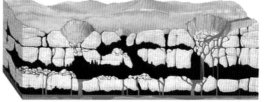

ⓒ동아사이언스

이 구멍은 약 1450만 캐럿에 달하는 다이아몬드가 나온 다이아몬드 광산이다. 1871년, 이곳에서 다이아몬드가 발견되면서 몇 개월 만에 약 3만 명의 사람들이 몰려 100m 깊이의 굴을 파 인공 싱크홀이 됐다.

싱크홀

'지하수'가 빠져나가는 것만으로 싱크홀이 생기겠냐고 묻는다면, 지하수의 힘을 과소평가하는 것이다. 박 교수는 "땅속에서는 2.5m 깊이로 들어갈 때마다 1기압씩 압력이 증가하는데, 깊이 25m의 암반층에는 10기압이, 250m 지점에서는 100기압의 압력을 받는다"고 설명했다. 이 엄청난 기압의 힘을 지하수가 채우면서 버티고 있는 것이다. 이 지하수가 빠져나가면 곧바로 땅이 고스란히 이 힘을 떠맡으면서 무너지고 싱크홀이 생기게 되는 것이다.

그럼 여기서 궁금증이 생긴다. 멀쩡히 지표를 받치며 잘 흐르는 지하수는 갑자기 어디로 사라진 것일까. 땅 속에는 복잡한 지하수 네트워크가 있다. 오랜 기간 땅 속 깊숙하게 침투해 들어간 빗물은 암반으로 스며들어 암반지하수가 돼 흐른다. 박 교수는 "이런 복잡한 지하수 네트워크가 융기와 침강, 단층과 습곡, 지진 등 지각변동과 기후변화로 인한 해수면 변동 등으로 싱크홀이 생겨나는 것"이라고 말했다.

싱크홀이 자주 생기는 석회암 지역을 예로 들어보자. 석회암의 주성분인 탄산칼슘은 지하수에 녹으면 서서히 땅이 꺼져 내리며 '용식돌리네'가 만들어진다. 석회암은 산성에 약하다. 산도가 pH 5.6보다 낮은, 약한 산성비가 스며들어 만들어지는 지하수에 오랜 기간 노출되면 석회암은 서서히 녹아내린다. 땅 속에 석회암 공간이 생기면 '함몰돌리네'가 만들어진다. 흐르는 지하수가 지하의 소금층이나 석고층을 녹여도 지하에 빈 공간이 생겨 싱크홀이 만들어진다. 베네수엘라의 사리사리나마 싱크홀의 경우 사암층에 들어 있던 지하수가 빠져나가며 거대 공간이 무너져 생긴 것이다. 블루홀 역시 지상에서 같은 원리로 생겨났지만 해수면이 상승하면서 바다 밑에 있게 된 것이다.

❶ 인공 싱크홀로, 홍수에 대비해 만든 미국 캘리포니아 주에 있는 몬티셀로 댐이다.
❷ 다이버들의 무덤이라 불리는 그레이트블루홀이다.
❸ 크로아티아의 레드 레이크
❹ 멕시코에 있는 제비동굴, 세계에서 가장 깊은 수직동굴이다.
❺ 사해 바닷물의 유입으로 지하의 땅이 용해되어 생긴 싱크홀이다.

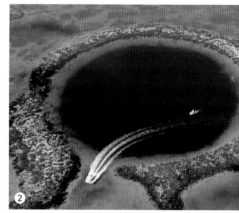

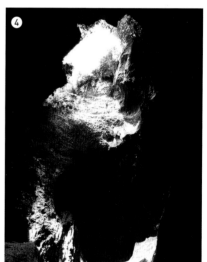

도심의 싱크홀

자연 상태의 싱크홀이 있을 수 있는 일이며 자연스러운 현상이라는 점은 지금까지 충분히 설명했다. 그렇다면 도심에서 싱크홀이 생기는 이유는 어디에 있을까? 중국 등지에서 끊임없이 화제를 모으는 싱크홀은 역시 지하수 네트워크로 인한 것이다. 지하수를 너무 많이 끌어다 쓰면 지하수위가 낮아지면서 지하수가 감당하던 압력을 고스란히 땅 속 공간이 받게 되고, 이 결과로 지표가 무너져 내리는 것이다. 이를 과잉양수라고 한다. 특히 지하수를 너무 많이 뽑아서 쓰게 되면 바로 위 공간뿐 아니라 멀리 떨어진 곳의 지반도 내려앉게 된다. 지하수도 역시 지상의 물처럼 높은 곳에서 낮은 곳을 향해 흐른다. 지하수위가 낮은 지점에서 물을 많이 끌어 쓰면 높은 곳에 있는 지하수가 이동하면서 이곳에 구멍이 생기에 된다. 2005년 6월 전남 무안과 2008년 5월 충북 음성에서 발생한 싱크홀이 바로 이 같은 원리로 만들어졌다.

다른 조건도 있다. 지상의 물길을 다른 곳으로 돌리면 그동안 물이 많지 않았던 흙이 물을 머금게 된다. 이 때문에 응집력이 떨어지면서 지반이 약해져 땅이 내려앉을 수 있다. 또 공장에 쓸 저수지를 모래가 많은 지표층 위에 만들거나 도시 상하수관이 새면서 주변 흙에 물이 많이 스며들어도 싱크홀이 생긴다. 지하수가 잘 흘러도 싱크홀이 발생할 수 있다. 지하수는 흐르면서 점토, 모래 등 크고 작은 알갱이들을 함께 싣고 간다. 지하수가 흐르는 주변 부분이 점점 커지게 된다. 수량은 일정하거나 줄어드는 상황에서 지하수길이 커지면 결국 싱크홀이 생길 위험도 높아지게 마련이다.

그럼 이제 한국에 '싱크홀 논란'을 불러 일으킨 서울 잠실 석촌동 일대 싱크홀과 이로 인한 위험성에 대해 알아보자. 2014년 8월 5일, 서울 송파구 석촌역 인근 도로가 꺼지는 사건이 발생했다. 인명피해가 발생하지는 않았지만 가로 1m, 세로 1.5m, 깊이 3m 정도의 구덩이는 흉측스런 모습으로 소셜네트워크서비스(SNS) 등을 통해 퍼져나가면서

‘괴담’ 수준이 됐다. 인근에 위치한 제2 롯데월드 공사장과 연결 짓는 시각도 있었고, 석촌호수가 당초 한강이 지나던 곳이라는 점에 착안한 음모론도 제기됐다. 서울시는 처음에 흙은 부어 구멍을 메우다가 싱크홀이 생각보다 크다는 점을 발견했다. 전문가가 동원돼 조사한 결과 8월 14일 도로 아래에서 폭 5~8m, 깊이 4~5m, 길이 70m의 동공이 발견됐다. 18일에도 폭 5.5m, 깊이 3.4m, 길이 5.5m의 동공이 나왔고 이후 7개 이상의 동공이 발견됐다.

원인부터 다른 석촌동 싱크홀

석촌 싱크홀은 사실 다른 싱크홀과 다른 구조적 차이가 있다. 앞서 살펴본 것과 같이 싱크홀은 퇴적암, 특히 석회암 지대에서 주로 발생한다. 그러나 석촌동 일대는 석회암 지역이 아니다. 서울시는 관악산과 북한산 인근 지역은 화강암, 그 외 지역은 편마암 계열 암석으로 이뤄져 있다. 화강암과 편마암은 산성비가 심한 도시에서도 건축 외장재로 사용할 정도로 단단하다. 지하수에도 거의 녹지 않는 것으로 알려져 있다. 그렇다면 석촌동 싱크홀은 왜 발생한 것일까? 서울시와 전문가들은 이 이유를 이 일대에서 진행되고 있는 지하철 9호선 3단계 연장 공사에서

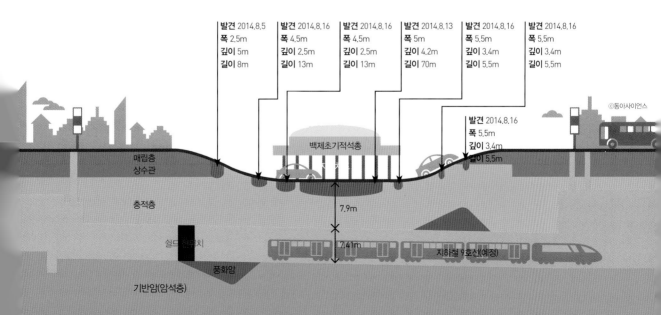

찾았다. 지하철 공사 과정에서의 부주의가 대규모 동공으로 이어졌다는 것이다. 조사단장을 맡은 박창근 관동대 토목학과 교수는 "해당 지역의 9호선 터널 굴착 과정에서 공사 잘못으로 지하 동공이 생겼다"면서 "터널을 파게 되면 주변 흙이 무너져 내리기 쉬운데, 이를 제대로 보강하지 못하면서 동공과 싱크홀이 발생했다"고 밝혔다.

발단은 지하철 9호선 공사지만, 왜 이런 동공이 생겼는지에 대해서는 전문가들의 의견도 엇갈린다. 우선 TBM 쉴드 공법을 문제 삼은 사람들이 있다. 보통 지하 터널을 만들 때 폭약을 이용해 발파하는데, TBM이라는 지렁이처럼 생긴 기계를 조금씩 전진시키며 땅을 뚫어 뒤를 원통형 쉴드(벽)로 마감하는 것이 TBM 쉴드 공법이다. 지름이 큰 터널을 뚫어도 지상에서는 아무런 진동을 느끼지 못해, 최근 지하철 공사 등에 널리 활용된다.

사고가 발생한 석촌동 일대는 지하 깊숙한 곳은 단단한 편마암이 있지만, 그 위에는 모래와 자갈이 퇴적된 충적층이 있다. 특히 잠실, 석촌 일대는 한강이 가까운 습지여서 서울의 다른 지역보다 충적층이 두텁다. 충적층은 지하수가 대량으로 유입되거나 비가 많이 오면 흙이 쓸려 내려갈 수 있다. TBM으로 터널을 뚫을 때는 이를 막기 위해 특수 용액을 이용해 주변 지층을 단단하게 해주는 그라우팅 공법을 시행해야 한다. 조사단은 이 그라우팅 공법이 제대로 되지 않아 깎지 말아야 할 부분의 흙까지 쓸려 내려온 것으로 판단했다. 특히 시공사가 굴착기 커터를 바꾸기 위해 4개월간 굴착을 중단한 적이 있는데, 이 기간 동안 칼날과 지반 사이에 적절한 보강이 이뤄지지 않은 것도 동공이 생긴 원인으로 보여진다.

일부에서는 지하터널을 팔 때 처음부터 잘못된 위치를 고르는 바람에 일이 불거졌다는 의견도 있다. 이수곤 서울시립대 교수는 "9호선 지하터널 공사를 할 때 자갈과 모래로 쌓인 충적층과 단단한 암석 중 한 곳만 팠어야 하는데, 현재 TBM으로 터널을 파고 있는 위치는 충적층과 암석의 중간부분"이라고 지적했다. 위로는 자갈을 파고 아래로는 암석을 파야 한다는 것이다. 공사 관계자들은 충적층은 석촌 지하차도와 너무 가깝고, 암석층은 너무 깊어 공사비가 증가하기 때문에 이 같은 선택을 했다고 밝혔다.

결국 서울을 비롯한 전국민을 공포로 몰아넣은 석촌동 싱크홀은 자연의 싱크홀이 아닌 사람의 판단착오와 실수로 만들어진 인재였던 셈이다. 실제로 조사단은 상하수도관, 인터넷케이블 등이 복잡하게 얽히면서 매번 다른 형태로 공사가 이루어져, 지하에 대한 정확한 지도조차 없는 현실에 대한 우려를 나타내기도 했다. 공사를 위해 굴착하는 과정에서 기존에 설치된 다른 구조물을 파괴하거나 손상을 입힐 가능성이 항상 존재한다는 뜻이다. 이는 석촌동 뿐 아니라 난개발이 진행된 서울은 물론 전국 어디에서나 벌어질 수 있는 일이기도 하다.

공포의 대상인 도심 싱크홀

도심의 싱크홀에 대한 시민들의 불안감은 어느 정도일까? 경기개발연구원이 잠실 싱크홀 사태가 한창인 2014년 8월 14일 수도권 성인

싱크홀의 불안감

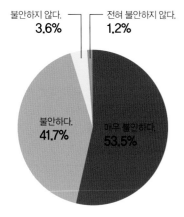

불안하지 않다. 3.6%
전혀 불안하지 않다. 1.2%
불안하다. 41.7%
매우 불안하다. 53.5%

1000명을 대상으로 한 설문조사를 보자. 해당 조사의 신뢰도는 95%, 오차범위 ±3.10% 수준이다. 수도권에 거주하는 시민 중 싱크홀이 매우 불안하다고 답한 사람은 53.5%, 불안하다고 답한 사람은 41.7%에 이른다. 95% 이상이 싱크홀을 두려워하고 있는 것이다. 싱크홀 발생시 가장 위험할 것으로 생각하는 곳으로는 39.8%가 '번화가'를 들었다. 이어 출퇴근시가 37.3%, 집이 20.7%였다. 직장은 2.2%로 대부분 빌딩 속은 안전하다고 생각하는 경향이 두드러졌다.

'당신도 싱크홀의 피해자가 될 수 있을 것이라고 생각하는가'라는 질문에는 '그렇다'가 55.1%, '매우 그렇다'가 24.5%였다. 수도권 시민 10명 중 8명이 싱크홀이 직접적인 위협이라고 생각하고 있다는 것이다.

앞으로 싱크홀이 증가할 것이라고 생각하느냐고 묻자 '매우 증가'가 34.3%, '증가'가 63.2%로 97%가 싱크홀 확산을 우려했다. 특히 우리사회에서 발생한 재난 중 가장 위협이 될 수 있는 재난에 대한 조사에서는 '홍수 및 태풍'이 39.6%로 가장 높았고, 싱크홀은 29.9%로 2위였다. 이는 '폭염 및 가뭄'(15.5%), '황사'(12.8%), '산사태'(2.2%) 등 전통적인 재난을 크게 웃도는 수준이다.

외국의 싱크홀 대비

그렇다면 언제 어떻게 발생할지 모르는 도심의 싱크홀에 대해서는 어떤 대비를 해야 할까? 가장 중요한 것은 도시개발 단계 등에서 싱크홀이 생기지 않도록 철저하게 관리하는 것이겠지만, 인간은 땅 속을 완벽하게 들여다볼 수 없다. 이 때문에 미국 등 싱크홀이 빈번하게 발생하는 국가에서는 주나 지역별로 다양한 조례 등을 시행해 인명 및 재산 보호를 위해 힘쓰고 있다. 미국 플로리다는 지하수에 의해 석회암이 녹으면서 지하에 빈 공간이 빈번하게 생성된다. 특히 최근 들어서는 인구 증가에 따라 지하수 사용도 크게 늘어나면서 싱크홀 발생 건수도 급증세다. 이에 따라 플로리다 주에서는 싱크홀 발생에 영향을 미칠 수 있는 건축기준과 건축시공방법들에 대한 등급기준을 마련하고 그에 따라 건축물 보험료를 산정토록 규정하고 있다. 플로리다 지역에서도 싱크홀이 빈번하게 발생하는 지역의 주택소유자는 싱크홀 보험가입이 의무화돼 있으며 사고 징후 발생 시 보험사는 해당주택의 싱크홀 여부를 확인하도록 법제화돼 있다.

이와 함께 플로리다 주는 싱크홀 방지를 위한 시공방법뿐 아니라 일반시민들이 싱크홀 발생 징후를 인지할 수 있는 지침을 제시하고 있다. 가장 큰 전제조건은 '지하수량 보전'이다. 어떤 형식으로든 지하수가 고갈되면 그 공간을 대체할 방법이 마땅치 않기 때문이다. 경기개발연구원 이기영 환경연구실 선임연구위원은 "플로리다 주의 싱크홀 발생 징후 리스트는 일반시민들이 쉽게 이해할 수 있는 현상을 중심으로 작성돼 있으며, 사전에 대비할 수 있는 실효성이 높은 것으로 평가된다"고 밝혔다.

플로리다 주가 시민들에게 안내하고 있는 싱크홀 발생 징후는 ▲건축물의 기초벽체에 금이 생기는 현상 ▲창문이나 방문틀 모서리 부분에 금이 생기는 현상 ▲건물 바닥이나 건물진입로 바닥에 금이 생기거나 바닥의 수평이 어긋나는 현상 ▲바닥이 움푹 들어간 곳이 생기는 현상 ▲건축물 기초구조물 부분에 이슬이 맺히거나 젖어 있는 공간이 발생하는 경우 ▲천장이나 지붕에 누수가 되는 경우 ▲벽면의 못 등이 튀어나오는 경우 ▲창문이나 방문이 삐걱거리고 잘 안 열리고 닫히는 경우 등 8가지다.

또 플로리다 주는 싱크홀 방지를 위해 크게 6가지 방법도 제시하고 있다. ▲물길차단 및 우회 ▲지하 석회암 처리공정 ▲공사방법 ▲습지 위 구조물 공사 지양 ▲지하수 사용 자제를 목적으로 한 담수화장치 확대 ▲지하수 사용 자제를 목적으로 한 빗물재 이용 등이다. 물길차단 및 우회를 위해서는 지표수와 강우유출수가 건물과 인접해서 흐르거나 건물 내로 스며들지 않도록 하는 배수체계를 중요하게 고려해야 한다. 지하 석회암 처리공정은 지반의 석회암에 대한 공정이 중요한데, 고대 이집트 피라미드는 자재의 95%가 석회석으로 이뤄졌지만 공정과정의 세밀함으로 물과 산성비의 피해를 받지 않는다. 공사방법에 있어서는 구조물 공사 전 지반에 대한 싱크홀 가능성을 살피고, 토양조사와 건축 시 기반공사를 강화해야 한다. 이 밖에 지하수 사용을 줄이기 위해서는 담수화를 통해 식수 및 생활용수를 공급하거나 빗물재활용을 하는 것이 바람직하다.

미국 정부 차원에서도 다양한 노력이 진행되고 있다. 미국 항공우주국(NASA)은 인공위성과 항공기에서 촬영한 레이더자료를 이용해 싱크홀 예측기술을 연구개발하고 범용화하고 있다. 실제로 2012년 미국 로스엔젤레스에서 발생한 거대 싱크홀은 이미 한 달 전에 예측돼 인근 주민을 대피시키기도 했다. 이를 위해서 사용된 SAR(synthetic aperture radar)는 기존의 레이더 자료와는 달리 매우 높은 해상도를 갖고 있다.

종합대책이 필요한 한국

한국 역시 싱크홀에 대한 대비책이 다양하게 모색되고 있다. 사실 석촌동에서 발견된 70m 크기의 동공이 싱크홀로 이어져 무너져 내렸다면 얼마나 큰 참사가 발생했을지 짐작하기조차 어렵다. 일각에서 이를 '천운'이라고 얘기하는 이유다. 하지만 이런 천운은 항상 이어지는 것이 아니다.

한국의 싱크홀 참사를 막기 위해서는 우선 싱크홀과 관련된 제반 사항을 정확하게 파악하는 것이 중요하다. 지질정보, 지하수위, 상하수도관에 대한 지반정보가 데이터베이스(DB)로 구축돼야 한다. 상하수도관의 위치도나 지하수 관측망을 통해 위험 가능성을 예측할 수 있는 기술이 확보돼야 한다. 싱크홀 발생 위험이 큰 지역에 대해서는 사업제한 및 사업 추진방식 개선 요구 등이 이뤄질 필요가 있다. 지하철 노선이나 공법 선정 등에도 제한을 둬야 한다. 특히 해외사례를 무턱대고 도입할 것이 아니라 한국에 맞는 위험지도와 사업제한 기준, 적정공법 등도 개발해야 한다.

싱크홀 발생 우려가 큰 지역의 주민들에게는 싱크홀 발생의 징후가 있는지 여부를 확인해 조치를 취하는 과정도 제도화해야 한다. 아무리 전문가라 하더라도 그 지역에 거주하는 사람만큼 주변 변화에 민감하게 반응하기는 쉽지 않다.

중장기적으로 싱크홀 발생을 막기 위해서는 지하수위에 대한 효율적인 관리도 병행해야 한다. 한국은 지하수보다는 지상의 수원 위주로 정책이 이뤄진다. 2014년 기준으로 국토교통부, 환경부, 농림축산식품의 물 관련 예산 중 지하수 예산은 1.0%에 불과하다. 생활 및 공업용수의 지하수 의존율이 높다는 점을 감안해도 유럽의 경우 70% 이상의 예산을 지하수에 투입하고 있는 것과 비교된다. 이기영 연구위원은 "한국은 도시 물순환체계 관점에서 지하수 이용을 줄이고 빗물재이용, 빗물의 토양 침투 증가, 저영향개발 기법 등을 적극 도입해야 싱크홀 방지는 물론 체계적인 수자원 관리가 가능해질 것"이라고 강조했다.

대형 참사

이억주

　　성균관대학교 물리학과를 졸업하고 동대학원에서 원자핵물
리학을 전공해 석사학위를 받았다. 《어린이과학동아》를 창간하여 초
대 편집장을 역임했다. 현재 출판 기획과 과학칼럼니스트로 활동하고
있다. 쓴 책으로는 『인류가 원하는 또 하나의 태양 핵융합』 등이 있다.
1999~2001년 한국과학문화재단 우수과학도서 선정위원으로 활동했
으며, 2001년 잡지언론상(편집부문)을 수상했다.

세월호는
왜 뒤집힌 걸까?

2014년 4월 16일 오전 9시경, 대한민국은 믿을 수 없는 소식으로 술렁이기 시작했다. 전날인 4월 15일 오후 9시 인천항을 출발한 세월호 여객선이 진도 앞바다에서 침몰하는 참사가 일어난 것이다. 더구나 제주도로 수학여행을 떠나는 경기도 안산시 단원고등학교 2학년 학생들 350여 명을 포함해 476명이 타고 있는 대형 여객선의 대형참사였다. 어마어마하게 큰 쇳덩이인 배가 바다에 가라앉지 않는 것이 과학의 힘인데, 어쩌다가 세월호 같이 큰 여객선이 허망하게 가라앉고 말았을까? 그것도 6825t급 규모인 대형 여객선이 심한 파도나 안개도 없었던 바다에 침몰하고 만 것일까?

해양수산부에서 발표한 해양사고 통계자료에 의하면 2009년부터 2013년까지 우리나라 해역에서 전복사고가 난 배 118척 중에서 여객선은 단 한 척도 없다. 어선이 뒤집힌 경우가 81%로 대부분을 차지하고 있고, 예인선이나 군함, 요트가 나머지다. 암초에 걸리지 않고서는 세월호 같은 대형 여객선이 이렇게 멀쩡히 항해하다가 뒤집히는 일은 거의 없다. 그만큼 이번 사고가 드문 일이라는 말이다.

목포해양대 정창현 교수와 한국해양대 박영수 교수팀이 2012년에 발표한 보고서에 따르면, 선박 사고 당시의 기상은 나쁘지 않은 날이 많았다. 2006년부터 2010년까지 일어난 어선 전복사고 30건을 분석한 결과, 풍속이 풍랑주의보가 발효되기 이전인 초속 14m 미만으로 불 때 전체 전복사고의 3분의 2인 20건(67%)이 발생했다. 그중 11건(37%)은 세월호가 전복됐을 때처럼 파고가 1m 미만으로 아주 잠잠한 상태에서 사고가 났다. 파도가 거세게 치면 아예 출항을 하지 못하게 막기 때문이기도 하지만 파도와 바람이 잠잠해도 얼마든지 선박 사고가 날 수 있다는 것을 보여준다. 날씨 탓이 아니라면 뭐 때문에 배가 뒤집힌 걸까?

무게중심의 변화와 급격한 변침

전복 사고가 일어나는 여러 가지 원인 중 첫 번째는 높은 파도나 기상 악화가 아니라 놀랍게도 '중량물의 이동'이다. 잡은 물고기나 어획도구를 고정해 놓지 않아 배가 좌우로 진동(횡동요)할 때 화물이 따라 움직이며 선체를 더 기울게 만드는 것이다. 세월호 사고에서도 1층과 2층, 갑판에 있는 컨테이너와 자동차를 제대로 고정시켜놓지 않았다는 지적이 나왔다.

두 번째 원인은 무게중심 변화이다. 화물이 제대로 고정되지 않아 이리저리 이동하는 것은 '무게중심의 변화'를 일으킨다. 선체가 기울어지며 한쪽으로 쏠린 화물은 선체가 반대편으로 기울었을 때 무게중심을 높인다. 연료탱크에 연료가 꽉 차 있지 않을

2014년 4월 16일 승객 476명을 태운 세월호 여객선이 진도 앞바다에서 침몰하고 있다.

때도 비슷한 효과가 난다. 연료가 '찰랑찰랑'거리며 배가 기우뚱할 때 한쪽으로 쏠리기 때문이다. 일본에서 세월호를 들여오는 과정에서 갑판에 객실을 증축해 최초 설계했을 때보다 무게중심이 상승했다는 의혹도 일리 있는 지적이다. 이승건 부산대 조선해양공학과 교수는 "무게중심이 높아지면 배가 기울었을 때 복원력을 잃기 쉽다"고 말한다.

세 번째 원인은 급격한 변침(회전)이다. 세월호 사고의 직접 원인으로 지목받은 '급격한 변침'도 전복사고의 중요 원인 중 하나다. 변침은 '배의 진행 방향을 바꾼다'는 용어인데, 급격한 변침은 배를 옆으로 기울게 만들어 상당히 위험하다. 자동차를 떠올려 보면 이해하기 쉽다. 급커브길에서 속도를 줄이지 않고 운전대를 확 꺾으면 회전하는 방향의 반대쪽으로 차체가 낮아지고 운전자의 몸도 쏠린다.

배도 비슷하다. 다만 자동차와 다른 건 핸들이 뒤에 있다는 점이다. 선박의 방향키를 돌리면 선수는 가만히 있고 선미가 옆으로 이동하며 배가 회전하게 된다. 어떤 이유에서인지 세월호에서는 배가 90°가까이 급격히 돌아갔다. 회전하는 각이 크면 선체가 회전방향의 바깥쪽으로 기울어진다. 그런데 이때 회전방향 안쪽에서 파도가 크게 치면 배가 좌우로 흔들리는 횡동요가 발생해 배가 뒤집어질 수 있다. 학계에서는 이런 전복사고를 '브로칭(broaching)'이라고 부른다.

세월호가 안개 때문에 출항이 지연되자 무리하게 속도를 높이기 위해 평형수(밸러스트 수)를 과도하게 빼서 무게중심이 높아졌다는 의혹도 제기됐다. 평형수는 화물이나 승객이 없을 때 배의 무게중심을 낮추기 위해 배 아랫부분 탱크에 채워 넣는 물이다. 평형수를 빼면 배가 물에 잠기는 부분이 적어 저항을 덜 받으므로 빨리 갈 수 있지만 그만큼 가벼워져서 넘어지기 쉽다. 다만 세월호가 화물과 승객을 실으면서 무게가 늘어난 양에 비례해 정상적인 양만큼 평형수를 뺐다는 반론도 있다.

무게중심이 높은 배는
왜 넘어지기 쉬울까?

물 위에 떠 있는 배는 항상 중력과 부력이 작용한다. 부력은 물이 배를 위로 띄우려는 힘으로 물에 잠긴 부분의 부피에 따라 커진다. 부력의 반대 방향으로 작용하는 부심(B)은 대략 물에 잠긴 부분의 중간 정도 깊이에 있다. 반면 중력의 작용점인 무게중심(G)은 배의 가운데 근처에 있다. 즉 대부분의 배에서는 무게중심이 부심보다 위에 있다.

2009년 일본 여객선 아리아케호도 무게중심이 이동해 배가 뒤집어진 사례다. 항해 중 선미에 닥친 높이 6m의 파도에 배가 기울었고, 컨테이너와 차량 등 화물 2400t이 한쪽으로 쏠리면서 순식간에 균형을 잃고 기울어졌다.

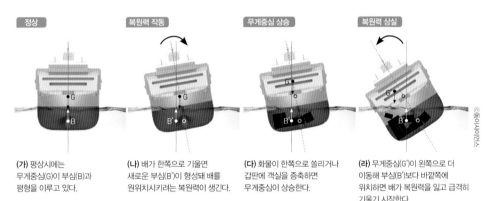

(가) 평상시에는 무게중심(G)이 부심(B)과 평형을 이루고 있다.

(나) 배가 한쪽으로 기울면 새로운 부심(B')이 형성돼 배를 원위치시키려는 복원력이 생긴다.

(다) 화물이 한쪽으로 쏠리거나 갑판에 객실을 증축하면 무게중심이 상승한다.

(라) 무게중심(G')이 왼쪽으로 더 이동해 부심(B')보다 바깥쪽에 위치하면 배가 복원력을 잃고 급격히 기울기 시작한다.

배가 흔들리지 않는 초기 상태에는 중력과 부력이 그림**(가)**와 같이 서로 평형을 이뤄 배가 떠 있게 된다. 만약 외부 자극을 받아 배가 왼쪽으로 기울어졌는데도 중력과 부력에 변화가 없다면 중력은 왼쪽에서 아래로, 부력은 오른쪽에서 위로 작용해 배를 전복시킬 것이다.

배가 전복되지 않고 다시 원래 위치로 돌아올 수 있는 비밀은 부심의 변화에 있다. 그림**(나)**와 같이 배가 왼쪽으로 기울면 물에 잠긴 왼쪽 부분의 부피도 늘어나므로 부심이 왼쪽으로 이동한다. 반면 무게중심은 그대로다. 정산적인 배라면 새로운 부심(B')이 무게중심보다 더 왼쪽에 놓여, 왼쪽에서 위로 미는 힘(부력)이 작용하고 오른쪽에서 아래로 당기는 힘(중력)이 작용할 것이다. 전체적으로 모멘트는 시계방향으로 작용해 배를 원래 위치로 돌려놓는다. 이런 복원력이 작용하기 위해서는 중요한 조건이 있다. 무게중심이 부심(B')보다 선체 안쪽에 있어야 한다는 점이다. 그림**(다)**처럼 무게중심이 높은 배는 조금만 기울어도 부심(B')보다 무게중심이 바깥에 위치할 수 있어 위험하다. 세월호처럼 화물을 제대로 고정해놓지 않아 한쪽으로 쏠릴 경우 상황은 더욱 악화된다. 배의 무게중심이 화물을 따라 이동하기 때문이다. 특히 컨테이너처럼 무거운 화물이 쏠릴수록 무게중심의 이동은 가속화된다.

그림**(라)**와 같이 새로운 무게중심(G')이 부심보다 바깥으로 나가게 되면 '배가 복원력을 잃었다'고 표현한다. 왼쪽에서는 아래로 당기는 힘(중력)이, 오른쪽에서는 위로 미는 힘(부력)이 작용해 전체적인 모멘트가 반시계 방향으로 작용하는 배는 걷잡을 수 없이 빠르게 뒤집히게 된다.

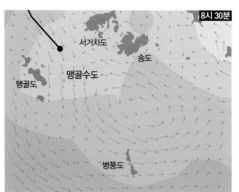

세월호가 맹골수도로 진입했다. 조류를 타고 18~19 노트(시속 33~35km)의 빠른 속도로 이동했다.

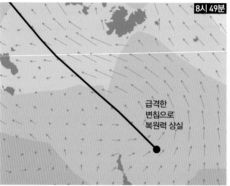

조류방향이 바뀌며 소용돌이가 일기 시작한다. 선체에는 이미 횡동요가 일어나고 있었고, 오전 8시 49분경 오른쪽으로 90도 이상 변침하며 배가 기울기 시작했다. 당시 조류는 선체 오른쪽에서 왼쪽으로 흐르고 있어 배를 더욱 기울게 했다. 조류의 속도 자체는 그리 빠르지 않았던 것으로 추정된다.

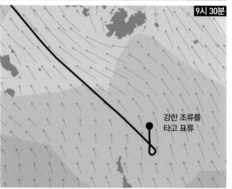

제어력을 상실한 세월호는 조류를 타고 1.5노트(시속 2.8km) 속도로 북쪽으로 표류하기 시작한다. 조류가 점점 빨라지기 시작한다.

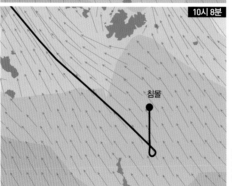

세월호는 완전히 뒤집혀 침몰한다. 침몰 당시 조류가 워낙 세서 생존자 구출에 어려움이 있었다.

ⓒ동아사이언스

대형 참사

빠른 조류가 세월호를 쓰러뜨렸을까

이번 사고도 브로칭의 일종인데, 큰 파도가 일지 않았다는 것이 미스터리다. 세월호와 같은 조선소에서 만들어진 아리아케호가 2009년에 비슷하게 전복됐다는 사실이 언론에 보도됐지만, 그때는 6m가 넘는 큰 파도가 있었다. 이번 사고가 일어났을 때는 파도의 높이가 채 1m가 되지 않았다. 김용환 서울대 조선해양공학과 교수는 조심스럽게 "강한 조류가 파도의 역할을 대신한 것이 아닐까" 추측했다. "강하게 파도가 일지 않는데 대형 여객선에서 브로칭이 일어난 사례는 세계적으로 유래를 찾기 힘듭니다. 그래서 다른 나라 학자들도 주의 깊게 지켜보고 있는데……, 좀 더 연구가 필요합니다."

실제 사고가 난 지점인 맹골수도는 울돌목 다음으로 우리나라에서 조류가 세다. 더구나 사고 당시 조류는 세월호의 진행 방향과 수직으로 흐르고 있었다. 선체가 왼쪽으로 기우는 상황을 가속화시킬 수 있다. 세월호가 기울기 시작한 시점에는 조류가 그리 세지 않았다는 분석도 있었다.

화물이 부딪치며 배에 구멍이 뚫렸다는 주장도 있지만, 문병영 군산대 조선공학과 교수는 "구멍이 뚫리지 않아도 배가 40° 이상 기울게 되면 갑판에 물이 차기 시작하면서 배가 가라앉아 버티기 힘들다"고 말했다. 김용환 교수도 같은 의견이다. "사고 초기 배가 옆으로 완전히 누운 모습을 봤을 때부터 이상했습니다. 어떤 원인으로든 배에 구멍이 났다면 아래로 가라앉으면서 비스듬히 기울 텐데, 세월호는 서 있던 배가 그대로 옆으로 누운 것처럼 쓰러져 있었죠. 다만 정확한 사고 원인은 배를 인양해 봐야 알 수 있을 것 같습니다."

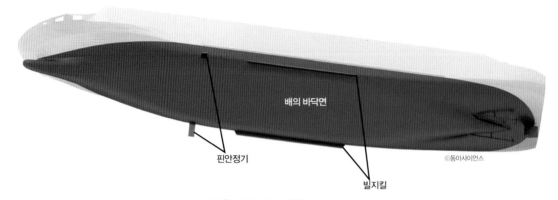

배의 바닥면

핀안정기

빌지킬

©동아사이언스

배의 측면 하단부에 붙어있는
핀안정기와 빌지킬은 횡동요를 줄여준다.
안티롤링탱크는 설치 공간이 커 여객선에
설치되는 경우가 드물다.

안티롤링탱크

횡동요 막는 기술은 없을까

횡동요가 점점 심해져 배가 뒤집히는 것
을 막기 위해 선박에 부착한 장치들이 있
다. 빌지킬, 안티롤링 탱크, 핀 안정기 같
은 자세제어장치다.

빌지킬은 배의 측면과 바닥이 연결되는 굽은 부분에 얇은 판을 길게 붙인 장치로 바닥 부분의
횡동요를 35~50% 가량 줄여준다. 물고기로 치면 배지느러미라고 생각하면 된다. 배가 흔들리
려 할 때 물을 밀어주고 와류(소용돌이)를 발생시킨다. 회전에 대한 마찰저항을 증가시켜 결과
적으로 배의 흔들림을 막아준다.

안티롤링 탱크는 물을 채워둔 커다란 U자형 관이다. 배가 왼쪽으로 기울면 물도 따라서 왼쪽
으로 이동하기 시작하지만, U자형 관을 통해 물이 이동하는 데는 시간이 걸리기 때문에 선박
의 균형을 잡아줄 수 있다. 하지만 잘못하면 역효과를 불러올 수도 있어 요즘 나오는 안티롤
링 탱크는 U자형 관 안의 물을 직접 펌프로 조절해서 배가 기울어지는 방향과 반대쪽으로 물
이 움직이도록 제어해준다. 횡동요를 75% 가까이 줄여주지만 설치 공안이 큰 만큼 승객을
줄여야 하기 때문에 선박회사에서 선호하지 않는다. 세월호에는 설치되지 않았다.

핀 안정기는 가장 능동적인 흔들림 방지 장치다. 물고기로 치면 아가미 옆에 있는 가슴지느
러미와 비슷한 기능을 한다. 배가 기우는 쪽에는 위로 띄우는 힘을, 반대쪽에는 아래로 누르
는 힘을 발생시켜 배를 안정시킨다. 횡동요를 90% 가까이 줄여주는 중요한 장치인데, 세월
호의 핀 안정기가 운항 전부터 고장 나 있었다는 주장이 제기됐다.

핀 안정기만 멀쩡했더라면 전복을 막을 수 있었을까? 문병용 교수는 "핀 안정기는 배가 빨리
움직일수록 양력이 커져 효과가 큰데 세월호는 변침 이후 속도가 급격히 느려졌다."며 "핀
안정기가 있었어도 큰 효과를 발휘하기 어려웠을 것"이라고 부정적인 입장을 밝혔다.

에어포켓에서 얼마나 생존할 수 있을까

마지막 순간까지 실낱같은 희망을 준 것이 에어포켓이었다. 에어포켓은 선실 내부에 미처 빠져나가지 못한 공기가 모여 있는 상태를 말한다. 에어포켓은 얼마나 남아 있던 걸까. 장창두 서울대 조선해양공학과 명예교수는 2014년 4월 17일 YTN과의 인터뷰에서 "세월호가 6800t 규모임을 감안할 때 선수 부분을 지탱하고 있는 공기의 양은 500~1000m³ 정도로 추정된다"고 말했다.

대부분의 전문가들은 남아 있는 에어포켓의 부피를 추정하기 꺼려했다. 이동곤 선박해양플랜트연구소 미래선박연구부장은 "선미가 닿아 있는 해저 지면이 배를 떠받치고 있는 힘을 알 수 없어 부력을 계산하기 어렵다"고 했고, 익명을 요구한 일부 전문가들은 "에어포켓이 없어도 선미가 선수보다 훨씬 무겁기 때문에 배가 기울어 있을 수 있다"며 에어포켓의 존재 자체를 부정했다.

에어포켓이 기적을 보여준 사례는 있다. 나이지리아 선원인 해리슨 오케네는 대서양을 항해하다 선박이 침몰하는 바람에 배와 함께 30m 아래 바다 속으로 가라앉았다. 하지만 불행 중 다행히도 침몰 당시 밀폐된 화장실에 있었다. 오케네에게 주어진 공간은 가로, 세로, 높이가 각각 2.4m가량인 13.5m³. 노래방에서 가장 작은 방의 크기다. 이 안에서 오케네는 무려 60시간을 생존해서 구조대에 구출됐다.

에어포켓에 있다 해도 호흡을 할수록 산소는 줄어들고 이산화탄소는 늘어난다. 공기 중의 이산화탄소 비율이 5%(평상시 0.03%)만 돼도 폐포에서 산소 교환이 잘 이뤄지지 않아 질식할 수 있다. 혹시 사람이 호흡으로 뱉어내는 이산화탄소 양과 물에 녹아들어가는 이산화탄소 양이 평형을 이룬다면 훨씬 오래 살아남을 수 있지 않을까? 이 문제를 놓고 미국 물리학자들의 사랑방 역할을 하는 한 과학사이트에서 2013년에 열띤 토론이 있었다. 질문은 "한 사람이 호흡을 지속적으로 할 수 있는 에어포켓의 크기는 얼마일까?"였다.

미국 로렌스리버모어 국립연구소의 막심 우만스키 박사는 이산화탄소가 물속으로 녹아들고, 반대로 물속에 녹아 있던 산소가 공기 중으로 올라온다면 사람이 계속 숨을 쉴 수 있는 조건이 되지 않을까 생각했다. 우만스키 박사의 질문에 세계 각지의 과학자 12명이 각자의 방식으로 계산한 식을 올렸다.

가장 정교하게 계산한 사람은 영국 에딘버러대 체이피터슨 박사다. 기체의 농도 변화와 용해도에 관한 물리학 법칙인 '픽스의 법칙'과 '헨리의 법칙'을 이용해 지속생존 가능한 에어포켓의 최소 지름을 계산했다. 피터슨 박사가 구한 에어포켓의 크기는 지름 400m. 참가자들은 이 계산에 수긍하면서도 "자연적으로 형성된 바닷속 동굴이라면 몰라도 좁은 배 안에서는 사실상 불가능한 이야기"라며 안타까움을 표시했다. 오케네 역시 일찍 구조되지 않았더라면 생존을 장담하기 어려웠을 것이다. 과학자들은 오케네가 생존 가능한 최대 시간을 79시간으로 계산했다. 차가운 바닷물로 인한 저체온증과 탈수는 제외하고 호흡에 필요한 공기만 계산했을 때 그렇다.

필요한 에어포켓이 생각보다 크다는 것은 재난 사고에서 초기 구조 시간, 흔히 말하는 골든타임이 얼마나 중요한지 다시 한 번 일깨워준다. 최악의 상황에서 에어포켓의 가능성에 마지막 기대를 하는 게 어쩔 수 없었지만 사고 직후 선장과 선원들은 물론 정부의 행동이 조금만 달랐어도 소중한 생명을 조금이라도 더 구했을 것이다.

대형참사가 남긴 외상 후 스트레스

우리는 살면서 세월호 같은 대형 여객선 침몰 사고, 여객기 추락 사고, 열차 탈선 사고, 전쟁 등으로 수많은 인명 피해 소식을 접한다. 이런 대형참사는 보는 이들도 충격에 휩싸이지만 사고 당사자들은 더욱 끔찍한 '외상 후 스트레스'를 받게 된다.

외상 후 스트레스 장애, 즉 PTSD(Post Traumatic Stress

Disorder)라는 정신 질환은 충격적인 사건을 경험한 후 일어날 수 있는 정신적인 또는 신체적인 증상이다. 전쟁이나 고문, 자연재해, 사고 등의 심각한 사고를 겪은 후에 그 사건에 공포감을 느끼고 사건이 지난 후에도 같은 고통을 계속해서 느끼며 거기에서 벗어나기 위해 노력하는 질환인 것이다. 이렇게 되면 정상적인 사회생활을 하는 데 안 좋은 영향을 받게 된다.

캐나다 맥길대학교 의료인류학자인 앨런 영(Allan Young)은 『착각들이 만들어낸 조화: 외상 후 스트레스 장애의 발명』이라는 저서에서 외상 후 스트레스 장애가 처음으로 어떻게 등장하게 되었는지 이야기했다.

PTSD는 1970년대 베트남 전쟁에서 돌아온 미국의 병사들에게 처음 진단이 내려졌다고 한다. 1, 2차 세계대전의 승전국으로 경제적 호황과 자유를 누리고 있던 미국인들은 또 다른 전쟁을 원하지 않았다.

베트남 민족 간의 문제에 굳이 미국이 나서야 할 명분도 없었다. 따라서 미국 국민들은 처음부터 베트남 전쟁 개입에 지지하지 않았고, 젊은이들이 잔혹한 전장으로 가는 것을 반대했다.

하지만 미국은 베트남 전쟁에 참전했고 참전 군인들은 패배하여 큰 상처를 안고 고국으로 돌아왔다. 애초에 미국 국민들은 참전을 반대했기 때문에 돌아오는 군인들을 환영하지도 않았다. 참전 군인만이 쓸쓸하게 고국으로 돌아와야만 했다. 그러나 그들이 쓸쓸하게 돌아온 것뿐만 아니라 심각한 후유증에 시달리고 있다는 것이 점점 알려지게 되었다. 베트남 전쟁에 반대했던 정신과의사와 심리학자 그리고 사회복지사들은 참전 군인들에 대해 국가에서 충분한 대우와 보상을 해 주지 않는다는 사실에 분노했고, 전쟁 경험 이후 얼마나 심각한 정신적 고통에 시달리는지 세상에 알리기 시작했다.

각종 정치적 집회와 로비가 이어진 끝에 미국정신의학협회는 상당수의 참전 군인들이 치료가 필요한 정신 상태에 놓여 있다는 의견을 받아들였다. 1980년 PTSD는 미국정신의학회의 공식적인 정신장애 진단목록(DSM)에 새롭게 포함되었다. 이렇게 해서 PTSD는 이제 의학적 병명이 되었고, 이 질환을 앓는 사람들은 환자로서 특별한 법적·의료적 보살핌을 받을 수 있게 되었다.

군인이 전쟁을 두려워해야 정상인가

전문가들은 PTSD가 '실재하는 질병'이라는 것을 증명하기 위해서, 인류의 역사 속에 PTSD가 지속적으로 존재했다는 것을 보여줄 사례들을 찾기 시작했다. 이를 위해 셰익스피어 희곡에 등장하는 인물들과 심지어 수메르 전설 속의 영웅 길가메쉬(Gilgamesh)마저도 언급이 되었다. 또 그동안 '탄환 충격'(shell shock)이나 '전투 피로감'(battle fatigue)과 같은 용어로 다루어졌던 1, 2차 세계대전의 참전 군인들의 정신건강 문제도 새롭게 PTSD라는 병명으로 진단되었다.

❶ 전쟁에 참여한 군인들은 전쟁 후 심각한 정신적 고통에 시달리곤 한다.
❷ 베트남전쟁에서 미군이 사살한 베트남민족해방전선(베트콩) 군인들. 잔혹하게 사람을 죽이는 경험도 군인들에게 엄청난 트라우마로 남는다.

베트남 참전 군인들에게 나온 증상에서 출발했을지 몰라도, PTSD
라는 병명은 인간의 정신질환에 대한 이해를 완전히 뒤바꿔놓았다. 그
전만 해도 군인이 전투경험을 두려워한다면 심리적으로 허약하고 군인
답지 못하다고 생각하곤 했다. 그런데 이제는 군인이 전쟁 경험을 두려
워하는 일을 지극히도 정상적인 모습이라고 여기게 된 것이다.

전투를 경험한 뒤 혼란스러워 하는 군인들을 비정상적이라고 할
수 없고, 오히려 이들은 전쟁이라는 비정상적인 사건에 의해 충격을 받
았다는 점에서 매우 정상적이라는 생각으로 바뀌게 된 것이다. 결국 군
인들이 전쟁을 트라우마로 경험하는 것은 당연하게 여겨졌고, 그들은
치료를 받아야 할 필요가 있었다. 반대로 트라우마를 겪지 않는 군인들
이 오히려 어딘가 비정상적일 수 있다고 생각하게 되었다.

그런데 베트남 전쟁 이후 미국의 일반 국민들도 PTSD 증상을 호
소하기 시작했다. 우리나라 또한 세월호 사고를 보면서 많은 사람들이
함께 고통을 느꼈다. 이렇듯 PTSD는 예상할 수 없는 대규모의 사고와
재해가 일어나는 우리 현대인에게 일상적인 증상이 돼버린 것이다.

치료를 넘어 관계의 회복으로

지구촌 곳곳에는 세월호 사고와 같은 인재와 피치 못할 전쟁뿐만 아니라 지진, 화산, 쓰나미 등 자연재해가 끊임없이 발생한다. 1923년 일본 간토 대지진, 1992년 일본 고베 지진, 2001년 인도 구자라트 대지진, 2008년 중국 쓰촨성 대지진, 1970년 방글라데시 사이클론(태풍의 일종), 2004년 인도네시아 수마트라 섬의 강진에 의한 쓰나미 등등 자연재해가 수도 없이 일어난다. 수마트라 쓰나미가 인도양 연안 국가들을 휩쓸며 무려 25만 명의 사망자를 내자, 스리랑카에는 전 세계에서 구호 물품과 전문가들의 손길이 쇄도했다. 특히 생존자들의 외상 후 스트레스 장애를 우려한 미국인 심리치료사들은 스리랑카를 방문해서 신속한 심리 치료를 제안했다. 미국에서 사용하는 방식대로, 이들은 생존자들에게 '고통을 회피하지 말고 직면할 것'과 '기억회상 하기' 등을 요청했다. 인력이 부족했기에 현지인 상담사들도 같은 기법으로 훈련시켰다. 이들은 정신의학적 지식에 근거해, 쓰나미와 같은 가공할 고통에 직면했을 때 대개 그 고통을 회피하고 부인하려 하지만, 그러다 보면 심리적 결과는 더욱 끔찍하게 다가온다고 굳게 믿고 있었다.

미국인 치료사들은 PTSD를 치료한답시고 '직설화법'을 권장했다. 그러나 이 기법은 30년이 넘도록 민족 간 종교 분쟁을 치르면서 스리랑카 주민들이 서로를 보호하기 위해 고안해 온 '완곡어법'과 전혀 맞지 않았다. 주민들은 끔찍한 내전을 겪으며 '전쟁'이나 '폭력'처럼 직접적인 단어를 입에 올리지 않고 '나쁜 일' 정도로 돌려서 표현해왔다. 상처를 조장하거나 고통에 빠지는 것을 막으려는 노력이었다. 하지만 미국인 치료사가 권장한 직설화법은 오히려 현지인들에게 고통과 불안을 강화시키는 또 다른 심리적 쓰나미가 되고 말았다.

숱한 전쟁의 역사 속에서, 스리랑카 사람들은 그들의 정신건강을 개인의 심리 치료보다는 종교와 끈끈한 공동체에 의존하고 있었다. 물론 이러한 문화적 차이는 미국 전문가들에게 잘 이해되지 않았다. 외상

❶ 쓰나미에서 살아남은 주민들은 서양의사들에게 심리치료를 받는 과정에서 오히려 상처가 커지기도 했다.
❷ 2004년 겨울 쓰나미가 스리랑카 등 인도양 연안 국가들을 휩쓸며 수많은 이재민을 만들어냈다.

후 스트레스 장애의 치유에도 문화적인 차이가 있다는 것을 잘 보여주는 사례였다.

세월호 생존자들이 겪고 있는 충격과 고통은 어떻게 치유해야 할까? 미국의 참전 군인들처럼 PTSD 치료법이 필요할까, 아니면 스리랑카의 주민들처럼 강한 종교와 공동체의 결속에 의존해야 할까? 물론 둘 중의 하나만을 꼭 선택해야 하는 것은 아니다. 또 다른 방법이 있을 수 있을 것이다. 중요한 건 실제로 고통을 겪고 있는 사람들의 마음을 우리가 진심으로 읽을 준비가 되어 있느냐일 것이다.

군집

로봇

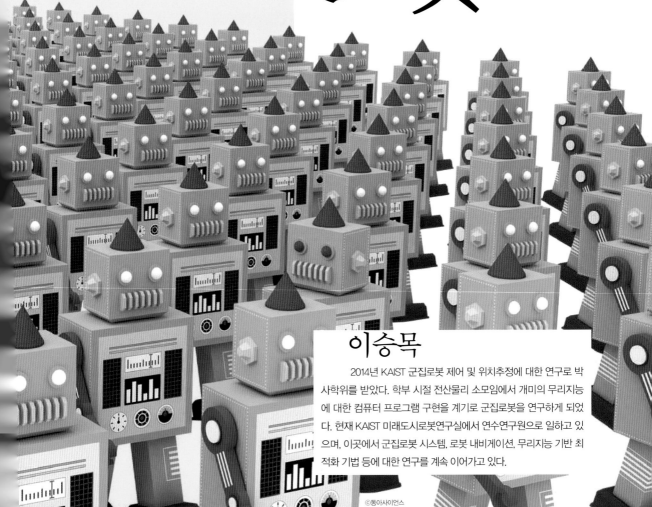

이승목

2014년 KAIST 군집로봇 제어 및 위치추정에 대한 연구로 박사학위를 받았다. 학부 시절 전산물리 소모임에서 개미의 무리지능에 대한 컴퓨터 프로그램 구현을 계기로 군집로봇을 연구하게 되었다. 현재 KAIST 미래도시로봇연구실에서 연수연구원으로 일하고 있으며, 이곳에서 군집로봇 시스템, 로봇 내비게이션, 무리지능 기반 최적화 기법 등에 대한 연구를 계속 이어가고 있다.

미래의 로봇은
어떤 형태일까?

군집로봇

수십 대의 드론이 철새처럼 질서 있게 날아다니고, 장난감처럼 생긴 작은 로봇 무리가 개미처럼 집을 짓는다. 로봇 하나하나는 작고 약하지만, 여러 대가 힘을 합치면 휴머노이드 로봇이 하기 어려운 일들도 척척 해낸다. 과연 이런 군집로봇들은 어떻게 생각하고 움직이는 걸까. 마치 살아있는 듯 생생하게 움직이는 군집로봇의 비결을 알아보자.

최근 주목받기 시작한 군집로봇

로봇이라고 하면 흔히 높은 지능과 자율성을 갖추어 혼자서도 주어진 임무를 알아서 척척 해내는 로봇을 떠올리기 쉽다. 하지만 안타깝게도 후쿠시마 원전 사고, 세월호 참사 등 여러 재난현장에 투입된 로봇들이 별다른 성과를 거두지 못했다. 어떤 상황이 벌어지고 있는지 알 수 없는 재난환경에서 로봇을 동작시키는데 제약이 있을 수밖에 없었기 때문이다. 이에 대한 대안으로 최근 로봇공학자들 사이에서 서로 의사소통하고 협력하는 '군집로봇'이 주목을 받고 있다. 하나의 로봇으로는 수행해 내기 어려운 임무를 작고 단순한 여러 대의 군집로봇을 통해 해결할 수 있다는 가능성을 보았기 때문이다. 군집로봇은 필요에 따라 합체를 하기도 하고, 로봇 한 대가 고장 나면 재빠르게 버리고 네트워크를 재구성하기도 한다. 무리 가운데 어느 한 로봇이 고장이 나더라도 나머지 로봇이 임무를 계속 수행할 수 있다. 따라서 임무 수행의 성공 가능성이 높아진다. 또한 높은 지능과 자율성을 갖춘 하나의 커다란 로봇보다 작고 단순한 여러 대의 로봇을 사용하는 것이 비용적인 측면에서도 훨씬 유리하다.

여러 대의 드론이 질서있게 움직이고 있다.

　　군집로봇이 일반인들에게 선보이기 시작한 것은 최근의 일이지만, 사실 군집로봇은 30년 넘게 로봇공학자들 사이에서 연구되어온 분야이다. 하지만 그 동안 대부분 실험적 검증보다는 이론적인 연구에만 치중해 왔다. 바로 군집로봇 시스템 구현의 어려움 때문이다. 군집로봇 시스템을 구현하기 위해서는 무엇보다 서로 간의 위치를 파악할 수 있는 정밀한 위치인식 기술이 필요한데, 문제는 이 기술이 결코 쉽지 않다는 것이다. 로봇 위치인식 문제만 연구하는 로봇 공학자들이 꽤 많을 정도이니 말이다. 1대의 로봇 위치인식도 어려운데 수많은 로봇들이 한꺼번에 그것도 동시에 서로의 위치를 알아낸다는 것은 훨씬 더 어려운 문제다.

　　최근에는 군집 로봇 구현에 있어 위치인식 문제를 해결하기 위해 모션캡쳐시스템이 사용되면서 비로소 그 동안 쌓아온 연구 성과들이 빛을 보기 시작했다. 모션캡쳐시스템은 실험실의 천장 곳곳에 적외선 카메라를 설치하고 각 로봇에 적외선 카메라가 인식할 수 있도록 마커를 부착하여 여러 로봇의 위치를 동시에 인식할 수 있다. 실험실 곳곳에 설치되어있는 적외선 카메라를 통해 전체 로봇의 위치를 파악하여 중앙컴퓨터에 전송하고, 중앙컴퓨터는 각 로봇에게 위치를 알려주는 것이다. 모션캡쳐 시스템이 사용되면서 위치인식 문제를 쉽게 해결할 수 있게 된 것이다. 물론 모션캡쳐시스템이 워낙 고가의 장비이고, 무엇보다 로봇들이 모션캡쳐 시스템이 설치된 실험실 안에서만 움직일 수 있다는 문제점이 있다. 하지만 이제야 30년 넘게 쌓아온 군집로봇 연구결과를 눈으로 확인할 수 있게 하는 데 있어 결정적인 역할을 하였다.

2014년 11월, 제 12회 자율분산로봇시스템 국제 심포지엄 DARS(International Symposium on Distributed Autonomous Robotic Systems)가 한국에서 개최되었다. 이 심포지엄에서는 군집로봇을 연구하는 세계적 석학들이 모여 연구 성과를 발표하고 향후 발전방향에 대한 의견을 나눴다. 주목할 것은 최근 들어 많은 실증연구가 이루어져 왔다는 것이다. 로봇 분야의 세계적 대가인 스위스 취리히 연방공과대학(ETH)의 롤랜드 지그와트(Ronald Siegwart)는 기조 강연을 통해 복잡한 환경에서 어려운 작업을 수행하는 다양한 군집 로봇에 대해 소개하였다. 홍콩시립대학교 동 선(Dong Sun) 교수는 네트워크 로봇 시스템의 동기화 제어분야에서 축적한 연구 성과를 소개하고, 실제 군집 로봇 시스템의 모션 제어에 대한 연구 사례를 발표하였다. 그 밖에 국내에서는 KAIST 연구팀의 해파리 제거 작업을 위한 해양군집로봇 '제로스', 서울대학교 연구팀의 다중 물체 수송을 위한 군집로봇 제어기술, 한국항공우주연구원의 드론 군집 비행 등의 연구결과가 발표되었다. 필자가 처음 군집로봇에 대해 연구를 시작했던 불과 몇 년 전까지만 해도 군집로봇에 대한 실증적 연구가 거의 이루어지지 않았던 것을 생각하면 정말 놀랄 만한 일이다. 최근 군집로봇이 얼마나 활발하게 연구가 이루어지고 있는지 알 수 있게 해준 현장이었다.

가정용 청소 로봇

군집제어 알고리듬

　　군집로봇에 있어 가장 중요한 기술 중의 하나는 바로 제어 알고리듬이다. 이 단순한 로봇들을 어떻게 움직이게 해야 우리가 원하는 일을 시킬 수 있을까. 유치원생 수십 명과 소풍을 간다고 상상해보자. 인지 수준이 낮은 어린이들은 자칫 사고가 날 수 있다. 그렇다고 아이 한 명에 선생님이 일일이 붙을 수도 없는 노릇. 그래서 아이들이 어느 정도 스스로 판단하고 대처할 수 있도록 행동 규칙을 미리 알려준다. 짝꿍의 손을 꼭 잡고, 낯선 아저씨가 사탕 준다고 해도 따라가지 말라고.

　　군집로봇도 마찬가지다. 여러 대의 로봇이 한 데 모여 움직이지만, 각 로봇은 비싼 센서나 인공지능을 탑재하지 않았다. 당연히 주변 로봇과 충돌하기 쉽다. 더구나 하나하나 조종할 수도 없다. 로봇이 알아서 움직여야 한다는 얘기다. 이때 충돌도 막고 군집로봇을 원하는 방향으로 정교하게 보내려면 움직이는 방법, 즉 '원칙'을 잘 만들어 머리 속에 넣어줘야 한다. 이런 프로그램이 바로 '군집제어 알고리듬'이다. 군집로봇의 성패는, 군집제어 알고리듬이 얼마나 잘 설계되었느냐에 달렸다.

　　이런 측면에서 미국 펜실베니아대학교 비제이 쿠마 교수 팀이 선보인 드론 군집비행은 무척 인상적이다. 쿠마 교수가 2012년 2월에 올린 유튜브 영상(A Swarm of Nano Quadrotors)속에서 드론들은 마치 나비처럼 날아올라 벌처럼 쏘는 듯 재빠르고 화려한 군무를 선보인다. 거침없이 편대를 바꾸고, 주변 드론이 날개를 돌릴 때 나오는 세찬 바람에도 영향을 받지 않는다. 일렬로 줄 맞추는 것도 어려워하던 유치원생들이 갑자기 프로 댄싱팀으로 탈바꿈한 현장을 목격한 기분이었다. 당시 같은 주제를 연구하던 필자는 조바심이 났다. 그로부터 2년 뒤 박사학위를 받았으니, 지구 반대편에 사는 그가 필자를 채찍질한 셈이다.

최초의 군집 알고리즘

어쨌든 그의 드론 군집비행이 독보적으로 훌륭하긴 했어도, 쿠마 교수 혼자 이뤄낸 결과는 아니다. 그들의 현란하고 생생한 군집비행에는 수많은 과학자가 30년간 흘린 땀이 배어 있다. 군집 알고리듬 연구의 역사 말이다. 생물학자, 수학자, 전산학자들은 거대한 군집을 이뤄 상위 포식자로부터 스스로를 보호하는 물고기나, 편대비행을 통해 체력 소모를 최소화하며 장거리를 비행하는 철새들의 군집 행동을 규명하고 컴퓨터 시뮬레이션으로 구현하려 했다.

마침내 1987년, 미국의 컴퓨터그래픽 전문가인 크레이그 레이놀즈가 세계 최초로 군집 알고리듬을 개발해 새떼의 움직임을 시뮬레이션하는 데 성공했다. 그는 군집을 이루는 각 개체에 세 가지 단순한 규칙을 주입했다. 서로 너무 가까이 접근하지 않는 '분리성', 주변 개체가 이동하는 방향으로 움직이는 '정렬성', 서로 너무 멀어지는 것을 피하는 '응집성' 등이다. 그의 연구 결과는 군집 이론의 기본 조건으로 자리잡았고, 이를 응용한 다양한 알고리듬이 꾸준히 발표됐다.

하지만 군집 알고리듬을 군집로봇에 그대로 적용할 수 없었다. 로

최초 군집 알고리듬의 세 가지 규칙

미국의 컴퓨터그래픽 전문가 크레이그 레이놀즈가 1987년 세계 최초로 구현한
군집 알고리듬의 세 가지 규칙. 군집 이론의 기본 조건으로 자리잡았다.

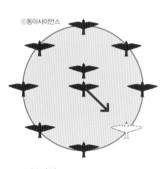

분리성
주변 개체와 일정한 거리를
유지해 서로 너무 가까워지지
않도록 피한다.

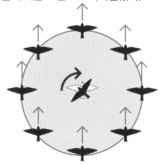

정렬성
주변 개체가 이동하는 방향과
속도에 자신의 방향과 속도를
맞춘다.

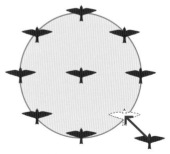

응집성
주변 개체들의 무게중심쪽으로
이동해 서로 너무 멀어지는 것을
피한다.

봇의 '운동 요소'를 고려하지 않았기 때문이다. 예를 들어 가정용 청소로봇은 로봇 바닥에 있는 바퀴 두 개의 회전수를 조절해 직진이나 회전을 하는 데, 만약 옆으로 가고 싶으면 먼저 제자리에서 회전을 한 뒤 직진해야 한다. 수상 로봇은 물 위에서 아무리 추력을 내도 제자리에서 급격히 회전하기가 어렵기 때문에 회전 반경을 고려해 알고리듬을 구현해야 한다. 1990년대 중반부터 로봇공학자들은 이런 물리적 한계를 고려한 '포메이션 제어기법'을 연구하기 시작했다. 자연계의 군집행동을 로봇에 특화한 알고리듬인 셈이다.

군집 속에 '대장' 로봇이 있다

최초의 포메이션 제어기법은 1998년 미국 조지아공대 로널드 아킨 교수가 개발했다. 몇 가지 '모드'를 정해놓고 필요할 때 켜고 끄는 방법이다. 예를 들어, 각 로봇에 대형유지, 장애물회피, 목표지점추종 등의 모드를 저장해 둔다. 그리고 센서로 들어온 외부 정보를 종합해 아무런 변화가 없을 때는 대형유지 모드를, 갑자기 장애물이 나타났을 때는 장애물회피 모드를 켠다. 매우 간단하지만, 돌발 상황이 발생했을 때 로봇이 어떻게 행동할지 모른다는 단점이 있다.

포메이션 제어기법도 발전을 거듭해, 현재는 '선도추종 제어기법'

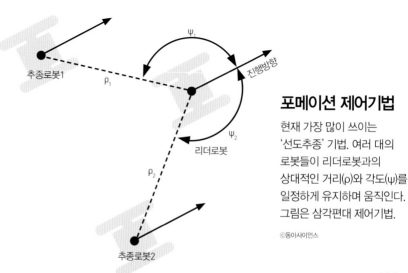

포메이션 제어기법

현재 가장 많이 쓰이는 '선도추종' 기법. 여러 대의 로봇들이 리더로봇과의 상대적인 거리(ρ)와 각도(ψ)를 일정하게 유지하며 움직인다. 그림은 삼각편대 제어기법.

©동아사이언스

이 가장 많이 쓰인다. 2001년 미국 드렉셀대학교 제이데브 데사이 교수(현 메릴랜드대학교 교수)가 철새들의 V자 편대비행을 본 따 만들었다. 철새들은 맨 앞에 있는 리더를 중심으로 자기 앞에 보이는 다른 새들과의 상대적 위치를 유지하면서 비행한다. 마찬가지로 군집로봇도 한 대의 리더로봇을 중심으로 추종로봇들이 일정한 거리와 각도를 유지하면서 움직인다. 이 기법을 적용하면 로봇 대수를 무한정으로 늘리면서 편대를 유지할 수 있다. 또 알고리듬의 성능과 안정성을 수학적으로 증명할 수 있다는 것도 장점이다.

하지만 한 사람의 리더십만으로 움직이는 조직은 그 리더가 사라졌을 때 받는 타격이 크듯, 선도추종 제어기법으로 움직이는 군집은 리더 로봇의 역할이 절대적인 비중을 차지한다는 게 큰 단점이다. 마치 스티브 잡스가 사망했을 때 애플이 흔들렸던 것처럼 말이다. 리더 로봇이 고장 나면 남은 군집로봇들이 임무를 더 이상 수행할 수 없게 된다. 그래서 리더로봇과 추종로봇을 구분하지 않고 각 로봇이 동등한 지위에서 주변 정보만으로 움직이게 하는 방법도 연구 중이다. 일부 로봇이 기능 정지 상태에 빠져도 다른 로봇은 임무를 계속해서 수행할 수 있다.

이것저것 눈치보고 최적경로 찾는다

점차 컴퓨터 연산 속도가 빨라지면서 최근에는 '최적화 기법'을 이용한 보다 정밀하고 똑똑한 군집로봇이 탄생했다. 최적화란 로봇이 앞으로 움직일 경로와 유지해야 할 상대 위치에 대한 오차를 최소화하는 과정이다. 주변 로봇이 앞으로 움직이게 될 경로 정보를 교환한 뒤 로봇 간 충돌 회피, 장애물 회피, 로봇이 낼 수 있는 최대 속도 등의 주어진 제약조건을 고려해 자신에게 가장 좋은 경로를 찾는다. 다시 말해 기존 제어기법은 로봇의 현재 위치와 속도만 고려해 움직임을 결정하는 반면, 최적화 기반의 제어기법은 앞으로 어떻게 움직일지에 대한 정보까지 이용한다.

군집로봇

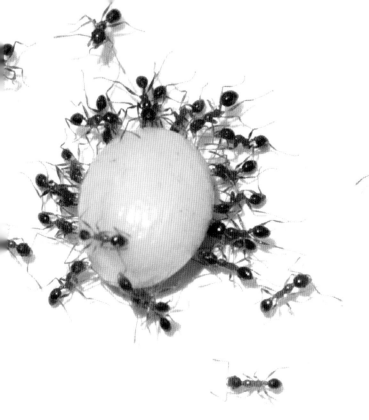

통신에서 물류까지, 팔방미인 무리지능

최적화 기법 중 자연계의 군집행동에서 힌트를 얻어 개발된 '무리지능(Swarm Intelligence)' 알고리듬은, 수학적 접근 방법으로는 도저히 풀기 어려운 최적화 문제를 해결할 수 있게 해준다. 개미들이 페로몬 분비를 기반으로 길을 찾는 과정을 모사해 그래프에서 최적 경로를 찾는 개미집단 최적화 알고리듬이 대표적이다. 이외에도 반딧불의 발광 주기가 비슷해지는 과정을 본 딴 반딧불 알고리듬, 새떼나 물고기떼의 유기적인 움직임을 모사한 입자군집최적화 알고리듬 등이 있다. 간혹 이런 무리지능 알고리듬을 군집로봇 제어와 동일하게 설명하는 글을 볼 수 있는데, 꼭 그렇지는 않다. 무리지능 알고리듬은 통신/물류 최적화, 조합최적화 등 군집로봇 외 각종 시스템에 대한 최적 제어에 광범위하게 쓰인다.

양 옆으로 나란히 대형을 이뤄 전진하는 두 대의 로봇 앞에 장애물이 있다고 가정해보자. 충돌하지 않기 위해 어느 시점에는 반드시 방향을 꺾어야 한다. 이때 로봇들이 서로 현재의 위치 정보만 알고 있다면, 다른 로봇이 언제 어느 방향으로 꺾을지 모른다. 자칫 서로 충돌할 수도 있다는 얘기다. 그러나 각자 앞으로 어떻게 움직일지 서로 알고 있다면, 장애물과 상대 로봇과의 충돌을 완벽하게 피할 수 있는 경로를 계산해낼 수 있다. 이런 최적화 기반의 제어기법은 현재 시점에서 가장 발달한 형태로, 앞서 언급한 미국 펜실베니아대 연구팀의 드론 군집 비행도 이 기법을 사용했다.

최적화 기법은 크게 결정론적인 방법과 확률론적인 방법으로 나눌 수 있다. 결정론적인 방법은 수학적 접근을 통해 최적의 해를 찾는 방법으로 주어진 조건이 같다면 항상 같은 해를 얻는다. 대표적으로 선형/비선형 계획법, 2차 계획법, 정수 계획법 등이 있다. 확률론적인 방법은 랜덤 변수를 사용해 해를 찾는 방법으로 주어진 조건이 같더라도 매번 다른 결과가 얻어지기도 한다. 최적의 해를 찾기까지는 많은 시간이 걸리지만 좀 더 복잡한 문제를 다룰 수 있다. 대표적으로 진화연산(예: 유전자 알고리듬 등), 무리 지능(Swarm Intelligence) 알고리듬, 담금질 기법 등이 있다. 군집 제어에 적용되는 최적화 방법은 지금까지 결정론적인 방법이 주로 연구되어 왔으나, 최근에는 확률론적인 방법을 적용하는 방안에 대한 연구도 진행되고 있다.

기왕 이야기가 나왔으니 여기서 무리지능 알고리듬에 대하여 잠깐 짚고 넘어갈 것이 있다. 최적화 기법 중 자연계의 군집행동에서 힌트를 얻어 개발된 무리지능 알고리듬은 수학적 접근 방법으로는 도저히 풀기 어려운 최적화 문제를 해결할 수 있게 해준다. 개미들이 페로몬 분비를 기반으로 길을 찾는 과정을 모사해 그래프에서 최적 경로를 찾는 개미집단 최적화 알고리듬이 대표적이다. 이외에도 반딧불의 발광 주기가 비슷해지는 과정을 본 딴 반딧불 알고리듬, 새떼나 물고기떼의 유기적인 움직임을 모사한 입자군집최적화 알고리듬 등이 있다. 간혹 이런 무리지능 알고리듬을 군집로봇 제어와 동일하게 설명하는 글을 볼 수 있는데, 꼭 그렇지는 않다. 무리지능 알고리듬은 통신/물류 최적화, 조합최적화 등 군집로봇 외 각종 시스템에 대한 최적 제어에 광범위하게 쓰인다. 다시 말해 무리지능 알고리듬이 꼭 군집 로봇에 한정되어 적용되는 것은 아니다.

국내 1호 해양군집로봇 '제로스'

최근에는 군집로봇을 실제작업에 투입하기 위한 연구가 활발하다. 대표적인 예가 KAIST에서 개발해 상용화를 앞두고 있는 해파리 퇴치 해양 군집로봇 '제로스'다.

2000년대 이후 해파리 개체수가 급증하면서, 해양 관련 산업에 발생한 피해가 전 세계적으로 심각한 것으로 알려져 있다. 국내에서도 해파리 급증에 따른 피해액이 연간 3000억 원 규모에 이르는 것으로 추정되고 있다. 고기잡이 그물에 해파리가 대량으로 걸리면 조업자체가 불가능해질 뿐만 아니라, 여름철 해수욕장에도 해파리가 출현하면서 피서객들을 쏘아 인명 피해를 주고 있다. 따라서 매년 지방자치단체에서는 해파리 밀집 출현 지역에 수십 대의 선박과 많은 인력을 투입해 해파리 제거 작업을 하고 있는 실정이다. 문제는 어선을 이용하는 이 방식이 고비용, 저효율의 수작업이라는 것이다.

KAIST 명현 교수 연구팀은 이 문제의 새로운 해결책으로 해양 군집로봇을 제시했다. 거대한 선박을 이용하는 대신 작은 수상 로봇 여러 대를 한꺼번에 작동시켜 비용은 낮추고 효율성을 높이고자 했다. 각각의 로봇은 무인수상선과 그 아래에 연결되는 해파리 분쇄 장치로 구성되며, GPS와 관성센서기반 위치 인식, 영상기반 해파리 인식 시스템이 탑재되어 있다. 스마트 부이가 해파리 떼를 발견해 위치 정보를 전송하면, 대기하고 있던 해파리 퇴치 군집로봇이 출동해 해파리를 제거하게 된다. 향후에는 하늘을 나는 드론과 협력하는 시스템을 개발할 계획이다. 드넓은 해양 상공을 정찰하면서 해파리 떼를 찾기 위해서는 여러 대의 드론이 마치 청소로봇처럼 지그재그로 움직이면서 군집비행을 해야 할 것이다.

명 교수팀은 제로스 개발을 통해 축적된 기술을 바탕으로 기름이 유출됐을 때 방재하는 군집로봇도 해양경찰 및 민간기업과 함께 개발하는 중

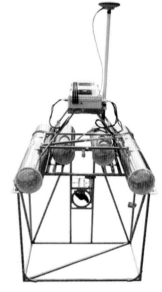

해파리퇴치로봇

군집로봇

해파리퇴치 군집로봇 시스템

4 해파리 통합 방제센터
해안에 대기하고 있던 군집로봇에 위치정보와 함께 출동명령을 내린다.

3 기지국
수집된 위치정보는 기지국을 통해 해파리 통합 방제센터로 전달된다.

5 해파리퇴치 군집로봇 출동
편대를 이뤄 유영하면서 해파리를 팬으로 갈아 퇴치한다.

2 스마트 부이
바닷물 표면에 떠 있는 스마트 부이가 해파리 떼를 감지해 위치정보를 파악한다.

1 해파리 출현
피서철이 절정을 맞는 8월, 남쪽에서 올라온 해파리가 우리나라 해안에 출몰한다.

©동아사이언스

이다. 군집로봇이 편대 유영하면서 방재펜스를 끌고 가면서 유출유를 가두도록 만들겠다는 계획이다. 물론 아직 갈 길은 멀다. 해양 환경은 파도, 바람과 같은 수시로 변하기 때문에 로봇이 안정적으로 동작하기 위한 제어기법 개선 등의 과제가 남아 있다. 군집로봇이 가장 발달한 미국에서도 해양에서 정찰하고 임무를 수행하는 군집로봇이 상용화된 사례는 거의 없다.

해양 환경은 아니지만 상용화에 성공한 지상 군집로봇이 등장했다. 아마존 물류 창고에서 일하는 로봇 '키바'다. 키바에는 충돌 방지를 위한 적외선 센서, 위쪽과 아래쪽에 각각 카메라가 달려있을 뿐이다. 이처럼 단순하고 작은 녀석이 과연 무슨 일을 할 수 있을까. 위쪽의 카메라로 물건의 종류를 알아내고, 아래쪽의 카메라로 자신의 위치를 파악한다. 창고 바닥에는 수많은 바코드들이 그려져 있어 이 바코드를 스캔하면 자신의 현재 위치를 알아낼 수 있다. 수많은 로봇들이 동시에 운반해야 할 물류를 파악해 빠르고 정확하게 운반한다. 서로의 위치를 정확하게 파악하고 있기 때문에 부딪힐 염려도 없다. 해양 환경에서 동작하는 제로스에 비해 키바는 정형화된 실내 환경에서 동작하기 때문에 적용된 기술이 고차원적이라 할 수는 없다. 하지만 키바로 인해 작업 효율성은 4배나 높아졌으며 비용은 최대 40% 절감했다. 키바 로봇은 물류 시스템에 혁신을 가져왔다는 평가를 받고 있다.

군집로봇의 어려움, 그리고 미래

군집로봇 알고리듬 이론은 그간 상당히 발전해왔다. 그러나 발전된 이론에 비해 여전히 실제로 현장에서 자기 역할을 해내는 군집로봇은 앞서 언급한 사례 외에는 좀처럼 찾아보기 힘들다. 아무리 좋은 소고기라도 소금과 후추가 있어야 맛 좋은 스테이크가 되듯, 아무리 훌륭한 알고리듬이라도 로봇간 통신이나 경로계획, 위치인식 등 다양한 기반기술이 뒷받침돼야 실제 군집로봇 시스템으로 구현될 수 있다. 게다가 이 모든 기술을 군집 내 다수의 로봇에 구현하기란 결코 쉬운 일이 아니다. 군집로봇의 몇 배의 노력을 더 필요로 한다. 군집로봇을 연구하는 많은 로봇 공학자들이 토로하는 것이 바로 '군집로봇 시스템을 실제로 구현하는 것 그 자체'가 어렵다는 것이다. 해파리 퇴치 군집로봇도 넓은 해양에서 임무를 수행하기 위해 관성항법장치, GPS, 통신모듈, 모터구동장치, 제어 알고리듬이 탑재된 컴퓨터 등 수많은 센서와 장치로 구성돼 있다. 한번 실험을 하려면 각 장치 점검에만 모든 팀원들이 밤을 새야 할 정도다. 아무리 꼼꼼히 점검해도 막상 바다에 가면 꼭 한두 군데에서 말썽이 일어나 연구원들을 괴롭힌다.

다행히 이런 노력이 쌓여 2~3년 안에는 우리나라의 군집 수상로봇이 해파리떼 제거나 해양 기름 유출 사고 방재에 본격적으로 활용될 전망이다. 군집로봇이 재난지역에서 실종자를 빠르게 탐색하고, 더 먼 미래에는 의료용 나노 군집로봇이 우리 몸 속에서 암세포를 제거하게 될 것이다. 달이나 화성에서 우주 탐사 임무를 성공적으로 수행할 수도 있다. 실제로 NASA는 군집로봇을 활용하여 달이나 화성 등 행성 표면을 탐사하면서 연료나 연구 가치가 있는 광물 표본들을 찾아 발굴해 내는데 활용할 계획을 갖고 있다.

이러한 군집로봇 개발이 가능하려면 무엇보다 야외의 어떤 환경에서도 똑같이 작동하는 군집로봇 항법 알고리듬이 필요하다. 처음에 언급한 미국 펜실베니아대학교의 드론 군집 비행도 실험실에 여러 대의 카메라를 설치해 위치를 정밀하게 인식할 수 있었기 때문에 가능했다. 실외에서는 GPS 신호를 이용하여 위치를 알아 낼 수 있지만, 우리가 흔히 사용하는 자동차 내비게이션에 달린 GPS는 2m~10m의 측정 오차를 갖고 있어 군집로봇의 충돌회피나 편대 제어에 사용되기는 어렵다. 자동차 내비게이션이 종종 건물이나 산을 뚫고 가라고 오작동하는 걸 보면, 위치를 인식한다는 것이 얼마나 어려운 기술인지 알 수 있다. 더구나 고층 빌딩 사이에서는 GPS 신호조차 수신하기 어렵다. 물론 달이나 화성에서도 GPS 신호 수신은 절대 불가능하다. 많은 로봇 공학자들이 군집로봇 항법 기술에 관심을 가지는 것도 이러한 이유 때문이다. 이러한 로봇 공학자들의 노력에 힘입어 향후 몇 십 년 안에는 군집로봇들이 실험실 밖으로 나와 능력을 십분 발휘할 수 있기를 기대한다. 군집로봇은 지금부터 시작이다.

공룡

윤신영

연세대학교에서 도시공학과 생명공학을 전공하고 서울대학교 대학
원에서 환경계획학 석사과정을 수료했다. 《과학동아》 기자로 활동
하고 있으며, 동아일보와 한겨레신문, 동아사이언스 포털 등에도 기
사와 칼럼을 썼다. 『백인천 프로젝트』, 『사라져 가는 것들의 안부를
묻다』 등을 썼다. 로드킬에 대한 기사로 2009년 미국과학진흥협회
(AAAS) 과학언론상을 받았다.

고비사막이 왜 세계 공룡 연구의 중심지가 되었나?

2014년 8월, 필자는 몽골 고비사막에 있었다. 이융남 한국지질자원연구원 지질박물관장이 주도하는 한국-몽골-일본 국제공룡탐사 프로젝트의 동행취재였다. 각국을 대표하는 공룡 학자들이 공룡을 찾고 발굴하는 현장에 직접 간다고 생각하니 전율이 일었다. 운이 좋으면 작은 뼈화석 조각이라도 구경하게 될지도 모른다고 내심 기대도 했다.

이런 기대가 현실로 드러난 것은 의외로 금방이었다. '화석 사냥(직접 땅을 누비며 새로운 화석을 찾는 작업)'을 시작한 지 몇 십 분 지나지 않아서 화석 조각을 찾았다. 처음엔 눈에도 거의 띄지 않았다. 손가락 마디 두 개 정도 되는 크기에 짙은 갈색을 띤 얇은 돌 하나가, 주위에 흩어진 다른 사암 조각들 사이에서 비죽 솟아 있었다. 하지만 주워보니 단면이 달랐다. 스펀지를 자른 것 같이 무늬가 가득했다. 뼈 화석이 확실했다. 심장이 뛰었다. 가져온 송곳으로 조심스럽게 주변을 파기 시작했다. 주운 것과 연결되는 다른 뼛조각도 나왔다. 이어 손톱만 한 다른 조각. 그렇게 모두 네 조각의 뼛조각을 파냈다. 필자가 생전 처음으로 공룡의 화석을 발굴한 순간이었다.

마침 옆을 지나던 이융남 관장에게 보여주니 조각류(골반과 다리구조가 마치 새를 닮은 공룡의 무리. 주로 초식을 한다. 실제로 새로 진화한 무리는 조각류가 아니라 또 다른 공룡 무리인 용각류 중 수각류 일부이므로 주의) 공룡의 얼굴, 그중에서도 뺨을 이루는 뼈의 조각이라는 답이 돌아왔다. "얼굴뼈는 얇아 화석이 되기 힘들기 때문에 드물다"는 말도 덧붙였다. 순간 심장이 방망이질했다. 하지만 이 관장은 크게 대수롭지 않다는 표정이었다.

"지표에 얕게 묻혀 있던 화석이라 학술적인 가치는 없어요."

이 관장은 정확한 발굴 지층을 알 수 없고, 물에 쓸려 내려왔을 가능성도 있어 출처도 불분명하기 때문에 연구할 수 없는 화석이라고 설명했다. 비유하자면 '근본 없는' 화석인 셈이다. 이런 화석은 그대로 버려진다. 만약 이곳이 한국이었다면 부서진 뼛조각만으로도 대서특필됐을지도 모른다. 하지만 몽골에서는 아니었다. 이런 화석은 너무나 흔한데다 연구 가치가 없어서, 발굴이 이어지던 며칠 뒤에는 숙소(베이스캠프)의 간이 식탁 근처에 수북하게 쌓여 있어 심지어 발에 스쳐도 모를 정도가 됐다.

아까웠지만 몽골 국외로는 화석을 반출할 수 없기에(법적으로 금지돼 있다), 또 화석을 원래 발견된 땅에 돌려주고 가는 것이 예의일 것 같아 발굴한 뺨 뼈 조각을 제자리에 고이 놓아 뒀다. 숙소로 돌아가면서, 고비사막이 왜 '공룡 연구의 천국'인지 실감했다.

발굴한 화석을 이융남 지질박물관장이 살펴보고 있다. 화석은 상태가 매우 좋았지만, 그래도 몇 군데 갈라진 곳이 있어 접착제로 붙였다.

공룡

아시아에서 북아메리카 공룡의 조상 찾다

　　몽골 고비사막은 요즘 세계 공룡 연구계의 중심지다. 예전에는 공룡을 연구한다면 미국이나 캐나다 등 북아메리카 지역이 가장 뜨거운 연구 중심지였다. 하지만 이제는 서서히 바뀌고 있다. 이융남 관장뿐만 아니라 일본의 타조공룡 전문가 고바야시 요시쓰구 일본 홋카이도대학교 종합박물관 교수, 공룡 연구계의 세계적 석학 캐나다 앨버타대학교의 필립 커리 교수 등이 앞 다퉈 고비사막을 찾고 있다. 이들이 고비사막을 찾는 것은 이곳의 지층이 발굴에 적합한데다. 나오는 화석이 매우 독특하고 새로우며 학술적으로 중요하기 때문이다.

　　먼저 땅이 발굴에 무척 유리하다. 퇴적암의 일종인 이암으로 주로 이뤄져 있는데, 땅이 몹시 부드럽다. 약 9000만 년 전인 후기 백악기의 전기 지층임에도 송곳으로 누르면 맥없이 부서질 정도로 물렀다. 화석이 나올 경우 발굴하기 더할 나위 없이 쉬운 지층이다. 더구나 지층이 다른 힘의 영향을 받지 않아서 변형도 거의 없다. 그러니 화석이 변형됐

©동아사이언스

을 가능성이 적다. 또 그 덕분에 지층이 지평선과 수평선을 이루고 있기 때문에 지층의 시대를 파악하기에 유리하다. 이 지역은 대륙의 한가운데에 있어서 지층이 안정적으로 보존돼 있었고, 구불구불 휘거나 기울어진 곳도 없다. 그런 지층이 비바람에 닳아 여기저기 드러나 있는데다 사막이라 식물마저 없다. 화석을 찾기도, 캐기도 쉬운 환경이다.

삽질과 곡괭이질이 이어지는 발굴 자체는 힘겨운 노동이었다. 하지만 그래도 무른 땅 덕분에 할만 했다. 송곳을 꽂으면 몇 cm 정도는 쉽게 들어가 뼈를 추리는 데에도 무리가 없었다. 주위를 망치나 곡괭이로 내리치면 달걀만 한 파편이 옆으로 튕기며 쉽게 깎였다.

하지만 단지 발굴하기 쉽기 때문에 고비사막에 주목하는 것은 아니다. 학술적인 의미가 대단히 크기 때문이다. 필립 커리 교수는 "고비사막과 북아메리카 공룡 사이에는 유사성이 있다"고 말했다. 공룡 연구는 그 동안 북아메리카 대륙을 중심으로 이뤄져 왔다. 그런데 한 지역에서 이뤄지는 연구만으로는 진화 과정을 온전히 밝히기 어렵다. 공룡이 북아메리카에서만 살아온 게 아니기 때문이다. 북아메리카 공룡의 조상이 다른 지역에서 태어났을 가능성도 있다. 이때 단서를 줄 수 있는 게 아시아 공룡 화석이다. 이융남 관장은 "북아메리카 공룡 대부분이 아시아 대륙에 기원을 두고 있다"며 "진화 과정을 연구하기에 고비사막은 최적의 발굴지"라고 말했다. 공룡 연구의 '잃어버린 고리'를 완성시켜 줄 후보인 셈이다.

예를 들어, 북아메리카 대륙에서는 '공룡계의 제왕'으로 불리는 백악기 말의 거대한 육식 수각류 공룡 티라노사우루스가 발굴된다. 그런데 이 공룡과 비슷하면서도 시대는 앞선 아시아 공룡이 고비사막에서 발굴되고 있다. 바로 타르보사우루스다. 조각류 뿔공룡의 대표로 꼽히는 트리케라톱스 역시 북아메리카 대륙에서 발굴된다. 그런데 아시아에는 이들보다 앞선 시대의 원시 뿔공룡인 프로토케라톱스와 야마케라톱스의 화석이 발견되고 있다. 이들은 단순히 시대만 앞선 게 아니라 골격의 모양 등에서도 더 원시적인 특성을 지닌 것으로 밝혀지고 있다. 종합하면 아시아의 공룡이 진화해 아메리카 대륙의 공룡이 된 것이다. 이들이 진화한 과정과 이주한 경로 등은 앞으로도 계속 연구해 밝혀야 할 과제다.

공룡 연구의 '핫이슈'는 생활과 생태

공룡 연구는 그 중심지만 바뀌고 있는 것이 아니다. 최근에는 연구의 주된 주제와 경향마저 바뀌고 있다. 대표적인 게 식성과 같은 생활사다. 고비사막에서 후기 백악기(약 9000만 년 전보다 약간 이후로 추정)에 살았던 소형 원시 뿔공룡 '야마케라톱스'의 발굴 현장에 갔을 때였다. 이용남 관장과 이항재 지질박물관 연구원이 2013년 여름에 발견했던 화석을 캐고 있었다. 땅 위로 드러난 뼈를 보니 가정에서 키우는 작은 고양이나 개만큼 작았다. 앙증맞은 크기였다. 이렇게 작은 크기의 공룡이 다양하고 복잡한 진화를 거친 끝에, 중생대 말 북아메리카에서 거대한 몸집의 트리케라톱스로 나타났다니 신기했다.

❶ 부긴자프 베이스캠프 전경.
❷ 부긴자프에서 발견된 커다란 수각류 발자국(점선).
❸ 몽골자연사박물관에 전시된 '싸우는 공룡'(폴란드 연구팀이 발굴). 오른쪽 벨로키랍토르와 왼쪽 트리케라톱스가 싸우는 모습이 그대로 보존된 뛰어난 화석이다.
❹ 조반류의 꼬리뼈를 발굴하는 모습.

ⓒ동아사이언스

야마케라톱스는 2003년에 처음 발견된 공룡으로, 몸 화석이 제대로 남아 있지 않아 자세한 특징이 오래도록 알려지지 않았다. 하지만 이 관장팀이 발굴한 새로운 화석들 덕분에 그 동안 몰랐던 특성이 밝혀지게 됐다. 그중 하나가 이 공룡이 '위석'을 지니고 있다는 사실이었다. 위석은 일부 공룡이 몸의 위 안에 지니고 있던 모래 또는 돌조각들로, 동물의 소화를 도왔을 것으로 추측된다.

위석은 눈앞에서 발굴하고 있는 화석에서도 고스란히 보였다. 이 관장이 가리키는 곳을 보니, 공룡이라고는 믿어지지 않을 만큼 앙증맞은 정강이뼈와 엉덩뼈(장골), 넙다리뼈(대퇴골) 사이로 무언가가 반짝거리고 있었다. 좁쌀보다 약간 커 보이는 모래 수십 개가 모여 있었다.

위석은 한동안 초식 공룡의 전유물이라고 생각돼 왔다. 하지만 육식공룡 역시 위석을 지니고 있다는 사실도 밝혀졌다. 2006년 이융남 박사가 이끈 한국-몽골 국제공룡탐사팀의 발굴 성과로, 연구팀은 위석을 지닌 티라노사우루스 화석을 발견해 학계를 놀라게 했다. 대형 수각류 육식공룡에게서 위석이 발견된 것은 당시가 처음이었다.

이렇게 식성과 같은 공룡의 생활사에 주목하는 것이 요즘 공룡 연구의 주된 흐름이다. 공룡 연구 역사가 100년을 훌쩍 넘다 보니, 이제는 새로운 화석을 찾고 복원하는 것만으로는 훌륭한 연구를 한다고 말할 수 없게 됐다. 공룡이 당시 어떻게 살았는지, 즉 생활과 생태를 밝히는 것이 공룡 연구의 중심이 됐다. 무엇을 먹었는지, 어떤 환경에서 살았고 어떻게 새끼를 키웠는지, 그것을 위해 어떤 신체 구조를 진화시켰는지 등이 포함된다. 이제 공룡의 모습뿐만이 아니라 삶까지 복원하는 것이다.

생활사 연구 가운데에는 알둥지 연구도 있다. 알둥지는 공룡의 암컷이 어떻게 알을 낳았는지, 어떤 알을 낳았고 어떻게 부화시켰는지 등을 알게 해 주는 소중한 단서다. 일본 아마추어 화석 발굴팀은 몇 년 전 고비사막에서 중요한 공룡 알 화석을 처음 발굴했다. 일본 히로시마에서 교사로 일하고 있는 키요시 토모미 씨는 2011년, 고비사막 동부의 탐사에 참여했다가 공룡의 알둥지 화석을 발견했다. 지름이 15cm쯤 되는 둥근 알이 모여 있는 둥지였다. 붉은 이암이 가득한 지층이었고, 야마케라톱스가 발견된 곳과 비슷한 지층, 지역이었다. 발견하자마자 탐사팀의 책임자였던 고바야시 교수를 불렀다. 부근에 다른 알 화석이 있을 것이라고 판단해 탐사를 계속한 결과, 모두 21개의 알 둥지를 확인할 수 있었다. 연구를 책임진 고바야시 교수는 "(발견하지 못한 것까지 포함하면) 약 60개 정도의 알 산란지가 있었을 것으로 추정된다"며 "세계 최대의 수각류 공룡알 집단산란지"라고 말했다.

이융남 관장과 고바야시 교수팀은 이 화석을 2년여에 걸쳐 연구한 끝에 그 결과를 2013년 말 '미국고척추동물학회지'에 발표했다. 연구 결과에 따르면 이 알은 수각류(공룡 중 조각류를 제외한 용각류 중 일부. 수각류 중 일부가 나중에 새로 진화했다) 공룡의 일종인 '테리지노사우루스' 류의 알로 추정됐다. 알껍데기 단면을 세밀하게 확대해 비교해 본 끝에 내린 결론이다. 알 표면에 숨구멍도 있고 무늬도 있기 때문에 대략적인 종을 확인할 수 있다. 연구팀은 알껍데기 단면을 현미경으로 살펴본 결과, 테리지노사우루스의 알 특징인 독특한 무늬를 찾아낼 수 있었다.

❶ 지층에 박혀있는 공룡알.
❷ 부긴자프의 수각류 발자국 화석지.

©동아사이언스

공룡

알만 가지고는 공룡의 생태에 대해 알아내는 데 한계가 있다. 하지만 어떤 공룡의 알인지를 알게 되면 그 공룡의 산란 및 육아 형태를 추정하는 데 큰 도움이 된다. 만약 알 안에 태아가 있었다면 더 많은 정보를 얻을 수 있을 것이다. 하지만 아쉽게도 테리지노사우루스의 알둥지 화석 가운데에는 태아가 전혀 발견되지 않았다. 이 관장은 "새끼가 모두 깨어나서 떠난 뒤의 둥지가 화석이 된 것 같다"고 설명했다.

테리지노 사우루스의 상상도 사진

초식 또는 잡식을 한 수각류 공룡들

알둥지의 주인공인 테리지노사우루스는 독특한 특징을 지닌 것으로도 유명하다. 생김새만 보면 대단히 위협적인 공룡이다. 몸길이가 최대 10m에 몸무게는 5t까지 나가는 거대한 덩치를 자랑하기 때문이다. 여기에 길이가 1m나 되는, 동물 역사상 유례없이 긴 발톱을 앞발에 지니고 있다. 몹시 흉포해 보이지만, 의외로 이 공룡은 초식공룡이다. 길고 섬뜩해 보이는 발톱은 나뭇가지 등을 쥐는 데 등에 쓰인 것으로 추정된다.

예전에는 수각류 공룡은 다 육식이라고 생각했다. 티라노사우루스나 벨로키랍토르 등 육식공룡은 모두 수각류에 속했기 때문이다. 하지만 새로운 공룡들이 발굴되면서 이런 기존의 상식도 많이 무너졌다. 수각류 중에도 초식을 한 공룡이 있다는 사실이 최근 연구 결과 조금씩 드러나고 있기 때문이다. 테리지노사우루스가 그 대표적인 예다.

하지만 초식만 있는 것은 아니다. 타조공룡(오르니토미무스 류. 타조처럼 두 발로 걸으며 머리가 작은 수각류 공룡 무리)과 오비랍토르(새처럼 생긴 수각류 공룡으로, 둥지에서 알을 품거나 프로토케라톱스와 싸우다 죽은 화석으로 유명하다) 류 공룡 중 상당수는 잡식을 한 것으로 여겨지고 있다. 그런데 최근 이들 가운데 잡식을 한 구체적인 증거가 처음으로 확인돼 공룡학자들의 이목을 끌고 있다. 역시 한국 연구팀

©동아사이언스

공룡 발굴의 천국, 몽골

몽골 고비사막은 화석이 매우 많으며 사람이 살지 않기 때문에 화석이 거의 훼손되지 않았다.
덕분에 공룡의 생태를 밝혀 줄 완벽한 상태의 공룡화석이 많이 발견된다. 그리고 지층이
7000만 년이나 됐지만, 단단하지 않아서 중장비 없이 쉽게 발굴할 수 있다. 이렇게 유리한
조건에 비해서 몽골은 공룡학자가 적어 외국과의 공동연구에 적극적이다. 이번 한국—몽골
국제공룡탐사가 첫 번째 다국적팀이었으며, 탐사 기간에 비해 기대 이상의 성과를 얻어
몽골과학원도 매우 높게 평가하고 있다.

이름(뜻)	오비랍토르 (알 도둑)	데이노케이루스 (무시무시한 손)	타르보사우루스 (놀라게 하는 도마뱀)	갈리미무스 (닭을 닮음)	새로운 용각류	오르니토미무스과 신종
발견지역	부긴자프, 힐멘자프	알탄울라, 부긴자프	알탄울라, 후레자프	알탄울라	카라후툴	울란큐슈
발견의의	부긴자프에서 알 둥지 4개 발견. 수각류가 집단으로 산란했다는 최초의 증거. 힐멘자프에서 발굴한 알 속에는 태아 화석이 보존.	지난 50년 동안 앞발만 알려져 있었던 종의 몸 뼈 대부분을 찾음.	알탄울라에서 최초로 대형 육식공룡의 위석을 발견. 후레자프에서 발가락뼈와 다리뼈가 지층 속으로 이어져 있는 화석 발견.	타르보사우루스의 배 부분 뼈 안쪽에서 위 내용물 화석이 된 갈리미무스 발톱 확인.	몸뼈가 거의 온전함. 이 지역에서는 용각류가 보고되지 않았기에 새로운 종일 가능성이 높음.	완벽한 상태의 표본인데 앞 발톱이 매우 길어 갈리미무스가 아닌 새로운 신종으로 추정.

이름(뜻)	탈라루루스 (광주리 꼬리)	테리지노사우루스 (큰 낫 도마뱀)	바가케라톱스 (작은 뿔 얼굴)	야마케라톱스 (야마 뿔얼굴)	사이카니아 (아름다운 것)	사우롤로푸스 (볏이 있는 도마뱀)
발견지역	바얀시리	알탄울라	힐멘자프	카라후툴	힐멘자프	네메겟
발견의의	하반신 한 개체와 3개의 머리뼈를 발굴. 탈라루루스인지 새로운 종류인지 연구 중.	알탄울라 지역에서는 테리지노사우루스류가 처음 발견됨.	몸뼈에 대한 연구는 거의 없는 실정에서 몸뼈를 보존한 화석 발굴.	최근에 알려진 원시 각룡류.	2개체의 갑옷공룡을 거의 완벽한 형태로 발굴.	피부화석 발견. 고비사막에서 가장 많이 발견되는 조각류.

의 연구 결과다. 이 공룡은 무려 50년 동안 수수께끼에 싸여 있던 것으로 유명하다. 아파트 한 층 높이와 맞먹는 거대한 길이(2.4m)의 앞다리가 일찌감치 발견됐는데, 그 외의 몸 부위 화석이 발견되지 않아 반세기 동안 정체가 철저히 비밀에 싸여 있었기 때문이다. 하지만 21세기 들어서 화석이 극적으로 발견되면서 그 정체가 차츰 밝혀졌다. 백악기에 살았던 독특하고 기이한 수각류 공룡, '데이노케이루스'다.

2014년 10월, 세계적인 학술지 ≪네이처≫에는 이융남 관장이 이끄는 한국, 미국, 일본, 몽골 공동연구팀이 데이노케이루스의 전체 골격 화석을 거의 완벽히 복원하고 그 생태까지 밝혀낸 연구 결과가 실렸다. ≪네이처≫에 한국 학자의 고생물학 논문이 실린 것은 처음으로, 그만큼 중요한 연구 결과라는 뜻이었다.

데이노케이루스는 1965년, 폴란드와 몽골 국제공룡발굴팀이 고비사막 남부에서 처음 발견한 공룡이다. 길이 2.4m의 거대한 양쪽 앞다리만 발견돼 '무서운 손'이라는 뜻의 이름을 얻었다. 학자들은 거대하고 위협적인 앞다리를 근거로, 이 공룡이 티라노사우루스와 맞먹는 덩치에 포악하고 흉포한 육식공룡이라고 추측해 왔다. 하지만 전체 골격이 발견되지 않아 생태는 물론, 확실한 몸 구조도 밝혀지지 않아 궁금증을 더해왔다.

이 관장이 이끄는 한국-몽골 국제공룡탐사프로젝트팀은 2006년과 2009년, 알탄 울과 이웃한 또 다른 지역 부긴자프에서 데이노케이루스 두 개체의 화석을 찾았다. 하나는 성체였고, 다른 하나는 몸 크기가 성체의 74%인 어린 개체였다. 먼저 데이노케이루스임을 확인한 것은 부긴자프에서 찾은 2009년 화석이었다. 도굴꾼에 의해 일부 도굴이 된 상태라, 목뼈 위는 화석이 남아 있지 않았다. 척추고생물학에서 가장 중요하다고 하는 머리뼈가 없다니, 연구팀으로서는 크게 아쉬운 상황이었다. 이 화석에는 머리뼈 외에도 발가락 뼈와 다리 뼈, 척추 등이 없었는데, 모두 도굴꾼들이 선호하는 부위였다.

데이노케이루스 팔 화석

거대한 크기 때문에, 연구팀은 처음에 이 화석의 주인공이 몽골 지역에서 많이 발견되는 육식 수각류 공룡인 타르보사우루스라고 생각했다. 하지만 아니었다. 다음날 이어진 발굴에서 연구팀은 큼직한 앞발을 찾았고, 화석의 주인공이 데이노케이루스임을 알았다. 아울러 남은 화석의 골격 특성을 분석하는 과정에서, 이미 2006년 알탄 울 지역에서 발굴해 수장고에 보관하고 있던 정체불명의 화석도 데이노케이루스의 화석임을 알았다. 크기가 작을 뿐 뼈에서 보이는 특성이 비슷했던 것이다.

연구팀은 두 골격을 바탕으로 데이노케이루스의 전체 골격을 복원하기 시작했다. 마치 퍼즐과 비슷했다. 큰 화석에 없는 부위를 작은 부위의 화석을 통해 추정해 복원하고, 1965년 찾은 앞발 화석도 이용했다. 하지만 두개골만은 끝까지 의문이었다. 머리가 발견되지 않으면, 아무리 다른 몸 부위가 완벽하게 복원됐다 하더라도 불완전한 복원이 될 수밖에 없었다.

2011년 이 문제가 해결될 가능성이 나타나기 시작했다. 벨기에의 한 연구자로부터 제보가 들어왔다. 벨기에의 한 수집가가 공룡의 머리뼈로 보이는 화석을 지니고 있는데, 아무래도 도굴된 화석 같다는 이야기였다. 이 관장이 직접 가서 보니 가능성이 있어 보였다. 그래서 수집가에게 기증 형식의 반환을 요청했고, 그 요청이 받아들여져 2014년 초 드디어 몽골로 화석이 돌아왔다. 이 뼈가 도굴된 데이노케이루스의 뼈라는 사실은 의외로 금세 증명됐다. 반환된 뼈 가운데에는 두개골 외에 발가락 뼈 일부도 있었는데, 현장에서 발굴된 발가락 뼈의 다른 마디와 정확히 일치했다. 같은 개체라는 뜻이다.

복원하고 보니, 발톱의 형태는 더욱 흥미를 불러일으켰다. 발톱이 납작하고 뭉툭했는데, 수각류에서는 처음 발견된 상당히 특이한 형태였다. 일단 육식공룡의 발톱은 아니었다. 먹이를 쥐거나 뜯기에는 부적합했다. 연구팀은 긴 앞발과 함께 물가의 키 낮은 식물들을 모아 먹기 위해 이런 구조를 발달시켰을 것으로 봤다.

두개골은 이 공룡이 육식성이 아니라는 사실을 더욱 확실히 보여

❶ 힐멘자프에서 발견한 사이카니아.
❷ 몽골에서 발굴한 사이카니아와 타르
보사우루스의 골격을 조립한 모습.

줬다. 먼저 입이 마치 앵무새의 부리처럼 약간 아래로 굽은 모양이었다. 이도 없었다. 이런 특징에 위 부위에서 1400개에 달하는 위석까지 나왔기 때문에, 연구팀은 처음에는 데이노케이루스가 초식을 했을 가능성이 매우 높다고 판단했다. 하지만 결정적인 증거가 하나 추가로 발견되면서, 데이노케이루스는 잡식성임이 드러났다. 위에서 소화되다 만 먹이가 발견됐는데, 물고기의 잔해였다. 수각류 가운데 잡식성임이 밝혀진 경우는 대단히 드문데, 이 관장은 이번 발견을 계기로 타조공룡 중 상당수가 잡식을 했을 것으로 추정했다.

연구 결과를 바탕으로 이 공룡의 생활을 복원해 보면 이렇다. 먼저 큰 앞발과 낫 같은 발톱으로 물가의 풀을 모으거나 캔다. 이때 뭉툭한 발톱 끝은 무른 물가의 땅을 밟을 때 발이 푹푹 빠지지 않도록 도와준다. 그 뒤 앵무새 부리 같이 아래로 굽은 긴 입을 가져가 풀을 먹는다. 이때는 마치 빨대를 이용하듯이 입을 가늘게 오므려 먹는다. 두개골을 분석하면 근육이 붙는 위치와 크기를 추측할 수 있는데, 데이노케이루스는 턱 근육이 발달하지 못했고 따라서 잘 씹지 못했을 것으로 추정됐다. 이빨도 없다. 대신 아래턱이 큼직했는데, 이것은 혀가 잘 발달했다는 뜻이다. 종합하면 먹이를 빨아들여서 먹었을 가능성이 크다.

몸집은 어땠을까. 등 척추를 비롯해 거의 대부분의 뼈를 복원한 결과, 몸길이 11m에 몸무게 6.4t의 거구였다. 등에는 척추뼈 지름의 최대 8.5배까지 높이 튀어나온 부분이 일렬로 나열돼 있었다. 이 때문에 등에는 마치 부채나 돛을 인 것처럼 크고 긴 구조가 있었다. 이 구조는 거대한 덩치를 이기고 두 뒷다리로 걷기 위해 발달시켰다. 이 구조가 마치 추처럼 작용해 무게 중심을 잡은 것이다. 골반도 뒤로 기울어졌고, 발이 컸다. 이런 특징을 보면 이 공룡이 느리게 걸었다고 해석할 수 있다. 목은 S자로 구부러져 마치 새와 비슷한 모습이었다.

이 공룡에게 이름을 선사해 준 거대한 앞발은 무슨 이유 때문일까. 이 관장은 "타조공룡들은 원래 앞발이 크다"며 "특별히 데이노케이루스가 더 크고 위협적인 것은 아니다"라고 말했다. 발견 초기에는 이 공룡이 타르보사우루스처럼 육식이라고 생각해 거대한 앞발을 위협적으로 봤는데, 종이 다른 타르보사우루스 등에 비해 컸을 뿐, 그저 타조공룡의 일반적인 특성이었던 것이다.

물속을 헤엄치는 초거대 육식공룡 스피노사우루스

아시아에서 데이노케이루스가 세계의 이목을 끌기 한 달 전, 또 다른 세계적인 과학학술지 ≪사이언스≫에서는 아프리카에서 발견된 또 다른 거대 육식 공룡에 대한 새 연구 결과가 발표됐다. '스피노사우루스'라는 이 공룡은 20세기 초반에 독일의 고생물학자가 처음 발굴했다. 등과 허리에 데이노케이루스와 비슷한 기이하고 긴(1.7m) 돌기가 나 있어, 마치 돛이 낙타의 등처럼 달려 있는 모습이었다. 최초의 발굴자도 그 정체를 궁금해 한 구조였다. 하지만 이 화석은 제2차 세계대전이 한창이던 1944년 폭격으로 파괴돼 버렸고, 수수께끼는 풀리지 못한

공룡이 변했다?

1960년대까지 공룡은 '한물간' 동물 취급을 받았다. 티라노사우루스는 거대했지만,
마치 괴수영화에 나오는 둔한 괴물처럼 꼬리를 늘어뜨리고 어기적거리며 걸었다.
사냥은 언감생심이고 제 몸 추스리기도 힘겨워 보였다. 반전은 1970년대에 일어났다.
공룡학자들이 공룡은 날렵하고 재빠르다고 주장하기 시작했다. 티라노사우루스는
스피드스케이팅 선수처럼 몸을 낮추고 두 발로 달리기 시작했다. 이런 인식의 변화를
발빠르게 담아 '내셔널지오그래픽'은 1978년, 티라노사우루스가 초식공룡의 목을
거칠게 물고 늘어지는 역동적인 모습을 표지에 담기도 했다.
이렇게 공룡은 연구 결과에 따라 모습이 많이 변했다. 대표적인 사례를 모았다.

'고질라야 폭군이야?' 티라노사우루스
초기에 잘못 복원된 티라노사우루스는 엉거주춤 둔해 보였다.

'알도둑에서 엄마로' 오비랍토르
알 둥지 근처에서 발견된 오비랍토르는 물건을 쥘 수 있게 생긴 손 때문에 알도둑이란 이름을 얻었다.
그런데 사실은 엄마였다!

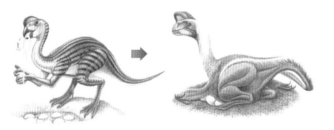

'아는 만큼 보인다' 이구아노돈
초기 공룡 연구자들은 공룡의 모습을 몰랐기에, 이구아노돈을 현생 파충류처럼 복원했다.

©동아사이언스

채 그대로 묻혔다. 그때의 증거라고는 오직 몇 장의 스케치와 사진뿐이었다.

65년 가까이 지난 2008년, 새로운 발견이 이 공룡의 정체를 새롭게 밝힐 계기가 생겼다. 독일 출신의 또 다른 고생물학자 니자르 이브라힘 미국 시카고대학교 연구원은 아프리카 서북쪽 모로코에서 스피노사우루스의 또 다른 화석을 발견했다. 처음에는 우연히 산 정체불명의 화석 조각에 불과했다. 하지만 다른 계기로 우연히 소개 받은 또 다른 화석과 함께, 그는 그 안에서 금세 스피노사우루스의 특징을 알아봤다. 둘이 같은 개체라는 사실도 화석이 나온 암석의 특징을 통해 파악했다. 곧바로 출처를 수소문하기 시작했다. 앞서도 이야기했듯, 화석은 그 화석이 나온 지층을 알지 못하면 학술적인 가치가 크게 떨어진다. 스피노사우루스의 화석은 그 자체로도 귀하지만, 언제 어디의 지층에서 나왔는지 알 수 없다면 온전한 연구를 할 수 없다. 다행히 극적인 계기로 이브라힘 박사는 5년 뒤인 2013년, 처음 자신에게 화석을 판 화석사냥꾼을 찾아 최초의 발굴지를 방문할 수 있었다. 후기 백악기 초기에 해당하는 약 9700만 년 전 지층이었다. 이곳에서 이뤄진 추가 발굴에서, 고생물학자들은 보다 많은 화석을 발굴할 수 있었다.

연구팀은 이렇게 발굴한 새 화석과 20세기 초에 발굴한 화석, 그리고 그 외에 아프리카 북부의 여러 지역에서 조금씩 발굴한 화석 조각들을 종합해 전체적인 스피노사우루스의 모습을 복원하고 그 생태를 연구했다. 완성된 복원도를 보면, 과연 특이한 점이 많았다. 먼저 덩치가 엄청나게 컸다. 머리부터 꼬리 끝까지 몸길이가 15m가 넘어, 가장 거대한 육식공룡의 기록을 깨게 됐다. 그 전까지는 백악기 말의 티라노사우루스 렉스가 최고 자리를 차지했는데, 그보다 약 3m 더 컸다. 그리고 일생의 거의 대부분을 물에서 살았다. 발에는 물갈퀴가 있었고 주둥이의 뒤 윗부분에 콧구멍이 있어 헤엄을 치면서도 숨을 쉬기 쉬웠다. 뼈는 속이 꽉 차 있어 비중이 높았고, 앞다리가 길었다. 박진영 전남대학교 공룡연구센터 연구원은 "처음으로 밝혀진 반수생 공룡"이라고 말했다. 이 공룡이 물에 살게 된 것은 먹이 때문으로 추정됐다. 스피노사우루스가 발굴된 지역은 초식공룡의 화석이 잘 나오지 않고 육식공룡 화석이 많이 나왔는데, 처음에 과학자들은 그저 초식 공룡의 화석이 덜 발굴돼서라고 생각했다. 하지만 육식공룡이 초식공룡이 아닌 물고기를 잡아먹었다면 이야기는 달라진다. 실제로 물에 살던 반수생 공룡이라면 이 지역에 초식공룡이 적었던 이유도 설명이 된다.

티라노사우르스 화석

　　육식공룡이긴 하지만, 스피노사우루스의 턱관절이 그리 강하지 않았던 것도 물고기를 먹었기 때문이었을 수 있다. 단단한 피부를 지닌 초식공룡을 잡아먹으려면 턱과 이빨이 강해야 하지만, 물고기를 먹는 데엔 그렇게 강한 턱은 필요가 없었기 때문이다. 티라노사우루스는 어지간한 동물의 뼈까지 부술 수 있는 강인한 턱과 이빨을 가지고 있지만 스피노사우루스의 주둥이는 오리처럼 앞으로 길게(1m) 나와 있는데다 가늘어 그 정도로 강하지는 않았다.

　　긴 앞다리를 이용해 네 발로 걸은 것도 특색 있다. 박 연구원은 "(기능상의) 사족보행을 한 최초의 육식공룡"이라고 설명했다. 육식공룡이라고 하면 튼튼한 뒷다리로 서는 모습이 대부분이었지만, 스피노사

스피노사우루스 화석

우루스는 예외였다. 게다가 꼬리는 길고 주둥이도 길어서 모습이 특이했다. 연구를 이끈 폴 세레노 교수는 ≪사이언스≫와의 인터뷰에서 "악어 꼬리를 지닌 오리 같아 보였을 것"이라고 비유할 정도였다.

이 공룡은 약 9700만 년 전에 살았고, 장소도 아프리카 북부로 아메리카와는 상당히 거리가 있다. 따라서 약 6500만 년 전 백악기 말에 살았던 티라노사우루스 등의 다른 거대 육식 파충류와 마주쳤을 가능성은 없다. 하지만 가정을 해보자. 만약 마주쳤다면 둘 사이에 어떤 일이 벌어졌을까. 턱이 더 강한 티라노사우루스가 스피노사우루스를 이겼을까. 혹은 영화 '쥬라기공원3'에 나온 것처럼 스피노사우루스가 긴 턱과 더 큰 덩치로 티라노사우루스를 압도했을까. 턱의 힘만 보면 티라노사우루스가 유리할 것 같기도 하지만, 자신보다 1.3배 가량 더 큰 육식공룡을 상대로 싸울 생각을 하기란 결코 쉽지 않았을 것이다. 혹은 스피노사우루스는 자신의 후손 따위 안중에 없다는 듯이 유유히 근처 물로 헤엄쳐 들어가 '귀찮은' 상황에서 벗어났을 것 같기도 하다. 연구자들은 스피노사우루스가 반수생 생활을 하도록 진화한 것이 당시 아프리카 지역의 육상 생태계가 척박해서 물속으로 눈을 돌린 것이었다고 보고 있으니까 말이다. 애초에 물과 뭍으로, 둘의 생활권은 완전히 달랐을 것이다.

공룡 연구의 새바람 이는 계기가 될까

최근의 공룡 연구는 더이상 단순한 신종 연구에 머무르지 않고, 북아메리카 대륙에서 나오는 화석에만 의존하지도 않는다. 생태 연구와 행동 연구가 중요해졌고, 아시아와 아프리카 등 지구 곳곳에서 나오는 공룡 화석들이 주역으로 등장하기도 한다. 한국의 공룡 연구 역량 역시 크게 높아졌다. 최초로 세계적인 학술지에 게재된 논문이 등장했다. 이융남 관장 역시 기자회견에서 "그 동안 한국은 공룡 연구가 침체였는데, 이번 연구를 계기로 세계적인 수준으로 올라설 수 있는 발판을 마련했다"고 밝혔다. 그 동안 축적돼 온 현장 탐사 및 연구의 결과가 서서히 나타나고 있다는 자신감도 느껴졌다.

공룡은 왜 그렇게 진화했을까?

공룡의 생태에 대해 밝힌 최근 연구들로, 대표적인 몇 가지를 살펴보자.

1. 식성

이융남 한국지질자원연구원 지질박물관장이 2006년 몽골 고비사막에서 타르보사우루스류의 복늑골 속에서 위석을 발견했다. 당시까지 거대한 육식공룡이 위석을 갖고 있는 화석이 보고된 적이 없었기 때문에 수각류의 진화에서 위석의 역할을 밝히는 중요한 표본이었다.

2. 몸집

미국 몬타나 지역의 백악기 지층에서 땅굴 안에 있는 오릭토드로메우스의 화석이 발굴됐다. 땅굴도 같이 화석화 됐는데 지그재그 모양으로 여러 번 꺾인 모양이었다. 미국 몬타나주립대학교 지구과학과 데이비드 바리치오 연구팀이 2007년 《영국왕립학회보B》에 발표했다.

3. 외모

미국 예일대학교 지질학과의 야콥 빈터 박사가 쥐라기 수각류인 안키오르니스 화석에서 깃털의 멜라닌 색소를 전자현미경으로 확인했다. 그 결과 몸 전체의 검은색, 흰색, 붉은색 깃털의 배열을 밝혔다. 깃털공룡이 예상보다 화려한 모습이었음을 2010년 《사이언스》에 발표했다.

4. 육아

백악기 원시각룡류인 프시타코사우루스 성체가 새끼 30마리 정도를 품은 채로 화석이 됐다. 중앙의 높이가 테두리보다 낮아서 둥지가 대야 같은 모양이었을 가능성을 보여준다. 이 둥지 화석은 중국 다롄자연사박물관의 킹친 맹 박사 연구팀이 2004년 《네이처》에 발표했다.

5. 지능

캐나다 오타와자연사박물관의 고생물학자 데일 러셀은 '공룡인(dinosauroid)'이라는 재미있는 그림을 발표했다. 그는 백악기 수각류인 트로오돈류가 계속 살았다면 사람처럼 똑똑해졌을 거라고 생각하고 그 모습을 상상해서 그린 것이다. 트로오돈류는 몸무게가 22.7kg이지만 뇌가 37~45g이나 돼 현생 조류에 비견될 정도로 컸고 긴 앞발을 자유롭게 회전할 수 있었다.

6. 생태계

초기 포유류 레페노마무스가 새끼 프시타코사우루스를 먹은 채로 화석이 됐다. 레페노마무스는 몸길이가 1m 정도고 이빨과 발톱이 날카로워 공격할 수 있었다. 이 발견을 통해 포유류가 일방적으로 공룡의 먹이였을 거라는 통념이 뒤집어졌다. 중국과학원 척추고생물학연구소의 야오밍 후 연구팀이 중국 랴오닝성 백악기 지층에서 발굴해 2005년 《네이처》에 발표했다.

공룡의 분류

본문에 등장한 공룡들을 큰 분류에
따라 정리했다. 대부분 최근에 연구된
종들이다. 지난 몇 년 간 수각류에 대한
새로운 사실이 많이 밝혀졌다.
이름 밑의 숫자는 몸 길이다.

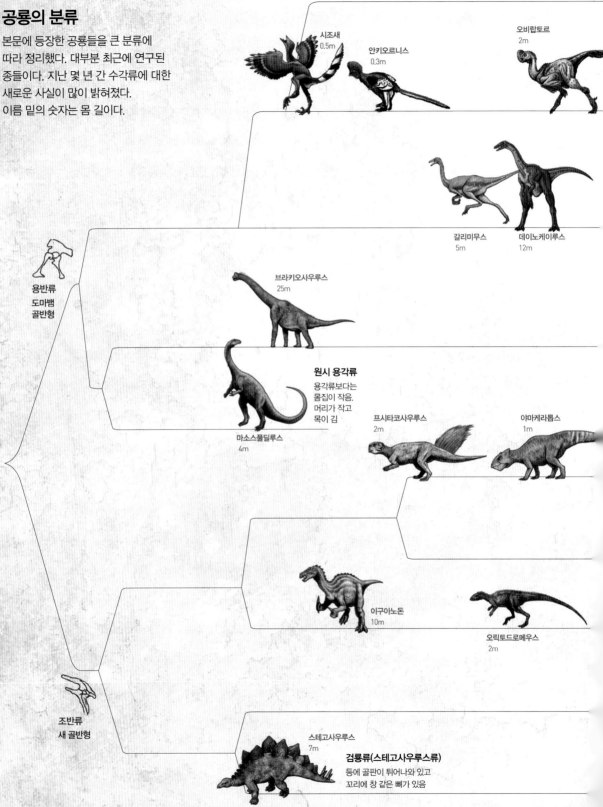

시조새
0.5m

안키오르니스
0.3m

오비랍토르
2m

갈리미무스
5m

데이노케이루스
12m

용반류
도마뱀
골반형

브라키오사우루스
25m

원시 용각류
용각류보다는
몸집이 작음.
머리가 작고
목이 김

마소스폰딜루스
4m

프시타코사우루스
2m

야마케라톱스
1m

이구아노돈
10m

오릭토드로메우스
2m

조반류
새 골반형

스테고사우루스
7m

검룡류(스테고사우루스류)
등에 골판이 튀어나와 있고
꼬리에 창 같은 뼈가 있음

트라이아스기

쥐라기

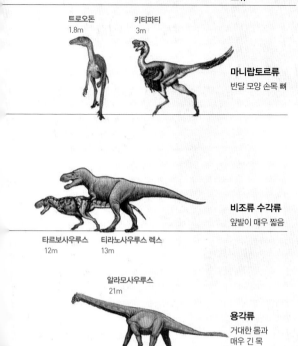

트로오돈
1.8m

키티파티
3m

마니랍토르류
반달 모양 손목 뼈

비조류 수각류
앞발이 매우 짧음

타르보사우루스
12m

티라노사우루스 렉스
13m

알라모사우루스
21m

용각류
거대한 몸과
매우 긴 목

이들 새로운 화석의 연구 결과, 이제까지의 상식을 깨주는 새로운 공룡들이 나타나고 있다. 생생한 행동, 생태 연구는 공룡이 더 이상 꼼짝 않는 박물관 속의 전시물이 아니라고 말하고 있다. 먹고 걷고 알을 낳으며, 심지어 헤엄치고 물고기를 사냥하는 공룡이 마치 눈앞에 살아 있는 것처럼 생동감 있게 살아난다. 앞으로 또 어떤 기발한 공룡이 새롭게 발굴돼 독특한 생활사를 보여줄까. 공룡의 시대는 1억 년이나 이어졌고 그 동안 번성한 공룡은 무수히 많다. 그중 우리가 안다고 말할 수 있는 공룡은 아직 극히 일부다.

공룡

바가케라톱스
1m

트리케라톱스
8m

**각룡류
(케라톱스류)**
앵무새 같은 부리

프레노케팔레
2m

**후두류
(파키케팔로사우루스류)**
머리뼈가 두껍고
박치기에 능함

조각류
턱관절이 치열보다
밑에 있어 먹이를
갈 수 있음

에드몬토사우루스
12m

**곡룡류
(안킬로사우루스류)**
갑옷처럼 온몸이
작은 뼈로 덮여 있음

사이카니아
7m

ⓒ동아사이언스

백악기

65(백만 년
전)

DNA

강석기

서울대학교에서 화학을, 동 대학원에서 분자생물학을 공부했다. 동아사이언스에서 과학기자로 일했고, 현재 과학칼럼니스트와 작가로 활동하고 있다. 저서로 『과학 한잔 하실래요?』, 『사이언스 소믈리에』, 『과학을 취하다 과학에 취하다』, 『늑대는 어떻게 개가 되었나』가 있고, 역서로 『반물질』, 『가슴이야기』가 있다.

DNA에 기록을 저장하는 시대가 온다

DNA

이중나선 발견 60주년을 맞은 DNA. 왓슨과 크릭이 발견한 구조는 오랫동안 생명의 비밀을 간직한 상징으로 여겨졌다. 오늘날, DNA 외에 다른 분자들이 생명의 숨은 조절자로 주목받고 있다. 의학부터 원시 지구의 역사까지 밝혀줄 이들 '네오 DNA'의 신비는 과연 풀릴 것인가.

"짐(제임스의 애칭) 왓슨과 아빠가 아마도 가장 중요한 발견을 한 것 같다."

1953년 초봄 영국 케임브리지대학교에서 뒤늦게 박사과정을 하고 있던 37세의 프랜시스 크릭은 열두 살인 아들 마이클에게 이렇게 시작하는 편지를 보냈다. 그리고 수주가 지난 4월 25일 과학학술지 ≪네이처≫에는 20세기 후반 최고의 업적이라는(전반은 아인슈타인의 상대성원리 발견이라고 한다.) DNA이중나선구조를 제안하는 논문이 실렸다. 바이러스를 연구해 박사학위를 받고 영국으로 건너온 25세 미국 청년 제임스 왓슨과 크릭 두 사람이 저자로 이름을 올린 이 논문은 1000자가 채 되지 않는 한 쪽짜리 소논문이었지만 간행 즉시 '생명의 비밀'을 밝힌 업적으로 평가됐다. 2013년은 DNA구조 발견이 60년, 즉 환갑을 맞는 해였다.

19세기 오스트리아의 성직자 그레고어 멘델은 취미로 완두를 연구하다 유전법칙을 발견했고, 영국의 생물학자 찰스 다윈은 자연선택과 성선택에 의한 진화의 개념을 생각해냈다. 그러나 두 사람 모두 유전과 진화의 물질적 토대에 대해서는 상상조차 하지 못했다. 20세기 들어 생화학이 발전하면서 유전물질이 단백질이냐 핵산(DNA)이냐를 두고 뜨거운 논쟁이 일었고 1950년 무렵에야 DNA쪽으로 의견이 모였다. 따라서 다음 과제는 DNA가 어떻게 유전물질로 작용하느냐를 밝히는 일이었고 이를 위해서는 구조를 알아야 했다.

물리학을 전공한 크릭과 미생물학자 왓슨은 원래 케임브리지대학교 캐번디시연구소에서 X결정학으로 단백질의 구조를 밝히는 연구를 하기로 돼 있었지만 이런 상황을 눈치 채고 '딴짓'을 시작했고, 인근 킹스칼리지의 결정학자 로절린드 프랭클린이 찍은 DNA X선 회절 사진을 훔쳐보는 반칙을 해가며 결국은 DNA가 이중나선구조임을 발견했다. 즉 유전정보는 염기 네 개(구아닌(G), 아데닌(A), 시토신(C), 티민(T))가 일렬로 배치된 DNA 사슬에 담겨 있고 서로 상보적인 염기쌍(G와 C, A와 T) 두 사슬이 마주 보게 존재함으로써 다음 세대로 유전정보가 전달될 수 있다. DNA이중나선은 진실일 수밖에 없는, 너무나도 이상적인 구조였던 셈이다.

DNA구조가 밝혀지고 60년이 지나는 사이 생명과학은 눈부신 발전을 거듭했다. DNA에서 단백질로 유전정보가 전달되는 메커니즘이 밝혀졌고 DNA염기서열을 분석하는 방법이 개발돼 2003년에는 30억 염기쌍에 이르는 인간게놈을 해독하기에 이르렀다. 한편 DNA가 담고 있는 유전자 발현을 둘러싼 복잡한 조절 양상도 차례차례 밝혀지고 있다. 생명과학 영역의 연구뿐 아니라 정보과학과 재료과학에서도 DNA를 갖고 재미있는 결과를 얻고 있다. 지난 60년 동안 DNA를 둘러싸고 진행된 과학의 발전과 앞으로의 전망을 살펴보자.

당신이 아는 DNA

지난 60년 동안 연구해 온
DNA 분자생물학의 기본 지식을 알아두자.

DNA, 생명의 구조 6단계

1 염색체(크로모좀)

DNA가 차곡차곡 감겨 꼭꼭 눌러 담겨 있는
거대한 실패 같은 염색체 한 쌍이 서로 붙어
있다. 염색체 하나의 너비는 대략 1400nm.

2 염색체 확대

한 쌍의 염색체 중 하나를 확인해 보면,
염색체는 다시 굵은 밧줄 같은 구조물이
돌돌 말려 있는 구조로 되어 있다.

3 꼬인 크로마틴(염색질)

염색체 밧줄 구조물을 풀어보면
하나의 굵기는 대략 300nm가 된다.
❷의 구조물은 입체임에 유의.

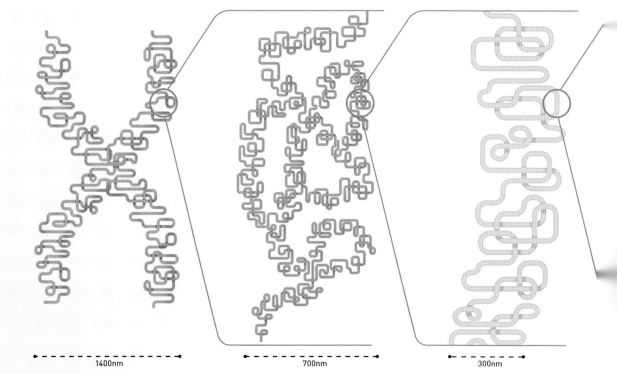

1400nm   700nm   300nm

DNA는 1950년대에 들어서야 겨우
구조를 드러낼 정도로 작은 물질이다.
하지만 그 안에는 신비할 정도로
정교한 구조가 있다.

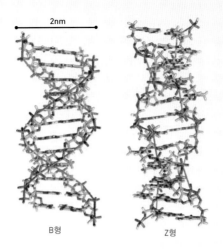

2nm

A형   B형   Z형

8 세 가지 DNA 형태

가운데 형태(B형)가 보통 DNA 구조다.
A는 B와 비슷한 오른쪽 나선 구조지만,
위 아래 간격이 더 짧게 꼬여 있다.
Z형은 왼쪽으로 꼬인 DNA다.

4 크로마틴 섬유

밧줄을 풀어 낸 섬유 한 가닥은 다시
크로마틴 섬유가 된다. 역시 밧줄처럼 돌돌
말린 구조가 반복돼 있다. 굵기는 30nm.

5 크로마틴 확대

돌돌 말린 크로마틴 섬유 하나를 풀어보면 DNA
이중나선 가닥과, DNA가 실패 삼아 감고 있는
히스톤 단백질이 보인다. 평소에는 밀집된 구조로
돼 있다. 굵기는 11nm.

6 히스톤~DNA 결합 구조

히스톤 단백질은 4개의 단백질 한 쌍, 총
8개 단백질로 이뤄져 있다. 그 주위를 DNA
이중나선이 두 번 감는다. 히스톤에는
삐죽 나온 아미노산 사슬이 여럿 있다.

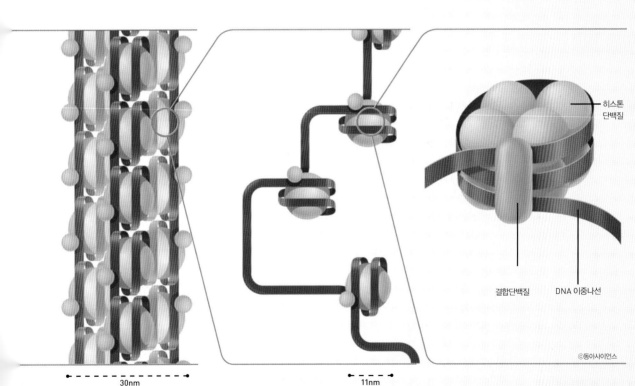

히스톤
단백질

결합단백질   DNA 이중나선

©동아사이언스

30nm   11nm

7 DNA 이중나선

히스톤 단백질에 감긴 DNA 가닥을 풀면
비로소 이중나선 DNA를 분리할 수 있다. 가닥
굵기는 2nm. 생명의 유전정보를 담고 있는
견고한 '하드디스크'로 비유되는 유전물질이다.
오른쪽은 유전물질의 특징을 담고 있는 핵산.
A와 T, G와 C가 서로 결합한다(상보성).

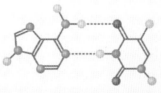

아데닌(A)   티민(T)

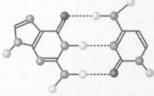

구아닌(G)   시토신(C)

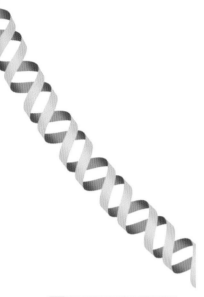

1 원본 DNA

원본 DNA는 두 가닥이 꼬인 이중나선 구조다. 대단히 안정된 구조이기 때문에 유전자를 보존하고 전달하는 능력이 탁월하다. 전달을 위해선 정보를 복제해야 한다. 먼저 이중나선을 풀어야 한다.

센트럴도그마, 큰 틀에서는 옳았다!

1953년 역사적인 발견을 한 뒤 왓슨은 미국으로 금의환향했고 케임브리지에 남은 크릭은 다음 단계의 미스터리를 풀기 위해 고민하기 시작했다. 즉 DNA가 담고 있는 정보의 대부분은 단백질을 만드는 유전자인데 DNA의 유전정보가 어떻게 단백질의 정보(아미노산 서열)로 바뀔 수 있느냐는 점이다. 원래 학부에서 물리학을 공부한 크릭은 이론적인 통찰력이 뛰어났고 그래서인지 1956년 '순서가설(sequence hypothesis)'을 제안하는 논문을 발표했다. 즉 DNA의 정보는 RNA를 거쳐 단백질로 전달된다는 것. 그 반대 순서는 불가능하다. 훗날 분자생물학의 '중심원리(central dogma)'라고 불리게 된 이 가설은 DNA이중나선구조만큼이나 명쾌하게 생명의 신비를 설명했다.

그 뒤 많은 과학자들이 중심원리를 증명하는 연구에 뛰어들었고 큰 틀에서 크릭이 옳았다는 사실을 발견하게 된다. 즉 DNA의 염기서열은 전령RNA(mRNA)의 염기서열로 전사되고 전령RNA가 단백질을 만드는 세포소기관인 리보솜에서 아미노산서열로 번역되는 것이다. 이때 흥미로운 수학이 개입되는데, DNA염기는 4가지인데 반해 아미노산은 20가지나 되기 때문이다. 따라서 염기가 아미노산 정보를 지니기 위해서는 최소한 세 개가 하나의 묶음, 즉 단위로 작용해야 한다. 4의 3승, 즉 64가지 조합이 나오기 때문이다. 반면 두 개가 한 단위이면 16가지 조합밖에 나오지 않는다. 실험결과 실제로 염기 세 개가 아미노산 하나를 지정한다는 사실이 밝혀졌다.

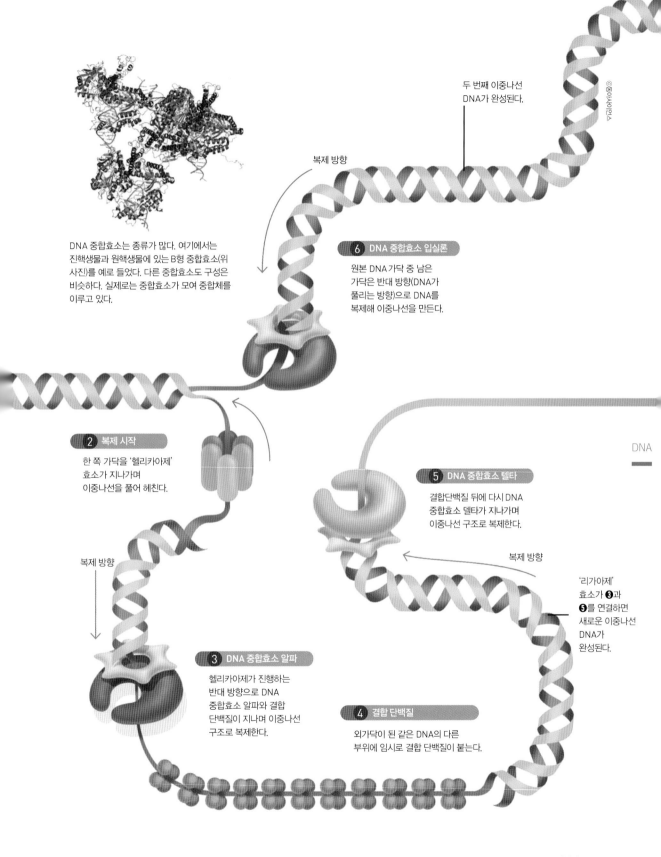

두 번째 이중나선
DNA가 완성된다.

복제 방향

DNA 중합효소는 종류가 많다. 여기에서는
진핵생물과 원핵생물에 있는 B형 중합효소(위
사진)를 예로 들었다. 다른 중합효소도 구성은
비슷하다. 실제로는 중합효소가 모여 중합체를
이루고 있다.

6 DNA 중합효소 입실론

원본 DNA 가닥 중 남은
가닥은 반대 방향(DNA가
풀리는 방향)으로 DNA를
복제해 이중나선을 만든다.

DNA

2 복제 시작

한 쪽 가닥을 '헬리카아제'
효소가 지나가며
이중나선을 풀어 헤친다.

5 DNA 중합효소 델타

결합단백질 뒤에 다시 DNA
중합효소 델타가 지나가며
이중나선 구조로 복제한다.

복제 방향

'리가아제'
효소가 ❸과
❺를 연결하면
새로운 이중나선
DNA가
완성된다.

복제 방향

3 DNA 중합효소 알파

헬리카아제가 진행하는
반대 방향으로 DNA
중합효소 알파와 결합
단백질이 지나며 이중나선
구조로 복제한다.

4 결합 단백질

외가닥이 된 같은 DNA의 다른
부위에 임시로 결합 단백질이 붙는다.

앞에서 중심원리가 '큰 틀'에서 옳았다고 표현한 건 중심원리를 위배하는 예외가 발견됐기 때문이다. 즉 몇몇 바이러스에서 RNA의 정보가 DNA로 흐르는 현상이 발견된 것이다. 레트로바이러스(retrovirus)로 불리는 이들 바이러스는 숙주의 세포에 침입한 뒤, RNA단일가닥으로 이루어진 자신의 게놈을 주형으로 DNA이중가닥을 만들어 숙주 게놈에 끼어들어간다. 대표적인 예가 바로 에이즈바이러스(HIV)다. DNA에서 mRNA가 만들어지는 과정이 '전사'이므로 이처럼 RNA에서 DNA가 만들어지는 과정을 '역전사'라고 부른다. 역전사가 가능한 건 레트로바이러스 게놈에 역전사효소 유전자가 있기 때문이다. 이 발견을 한 미국 위스콘신대학교의 하워드 테민 교수와 MIT의 데이비드 볼티모어 박사는 1975년 노벨생리의학상을 받았다.

게놈 해독 가능하게 한 염기서열분석법

DNA의 염기서열 정보가 단백질의 아미노산서열 정보로 번역된다는 걸 증명하기 위해 과학자들은 염기서열과 아미노산서열을 분석하는 방법을 개발해야 했다. 먼저 시도한 건 단백질의 일차구조, 즉 아미노산서열을 분석하는 과제였다. 영국의 생화학자 프레더릭 생어는 1940년 무렵부터 호르몬 인슐린의 일차구조를 분석하는 과제에 도전해 1953년 마침내 아미노산 51개로 이뤄진 인슐린의 일차구조를 규명했다. 이 업적으로 생어는 1958년 노벨화학상을 받았다.

인슐린처럼 작은 단백질도 아미노산서열을 규명하는 건 무척 복잡한 일이어서 과학자들은 보통 아미노산 수백 개로 이뤄진 단백질의 일차구조를 밝힌다는 건 사실상 불가능한 일임을 깨달았다. 따라서 DNA의 염기서열을 분석하는 쪽으로 관심을 돌렸다. 이번에도 생어가 연구를 주도했고 오늘날 '다이데옥시(dideoxy)법' 또는 '생어법'으로 알려진 기발한 방법을 개발했다. 생어팀은 이 방법으로 1978년 DNA 염기 5386개로 이뤄진 바이러스인 박테리오파지 파이엑스(φX)174의 게놈을 완전하게 해독했고 1981년에는 염기 1만 6569개로 이뤄진 사람의 미토콘드리아 게놈을 해독했다. 다이데옥시법을 개발한 업적으로 생어는 1980년 두 번째 노벨화학상을 받았다.

1980년대 후반 제임스 왓슨을 비롯한 생명과학계의 실세들이 인간게놈프로젝트의 필요성을 역설했고 1990년 마침내 15년을 목표로 한 초대형 다국적프로젝트가 출범했다. 생어법으로 30억 염기쌍을 해독한다는 꿈같은 일이었지만 프로젝트가 진행되면서 염기서열분석법이 개선되고 비용이 떨어지면서 해독에 가속도가 붙었다. 특히 1990년대 후반 생명과학계의 이단아로 불리는 크레이그 벤터가 셀레라라는 회사를 세워 독자적으로 인간게놈해독에 뛰어들면서 경쟁이 치열해졌다. 벤터는 '샷건 방식(shotgun sequencing)'이라는 다소 무모해 보이는 방법을 사용했다. 즉 게놈을 수많은 작은 조각으로 쪼갠 뒤 이들 조각의 염기서열을 분석한 방대한 데이터를 컴퓨터가 짜맞춰 게놈의 염기서열로 재구성하는 방법이다. 이 방법이 가능하게 된 건 천재적인 알고리듬과 컴퓨터의 엄청난 연산처리능력 때문이다. 즉 BT(생명공학)와 IT의 만남이 게놈 해독을 가능하게 한 셈이다.

개인게놈시대는 열렸지만

2003년 완료된 인간게놈프로젝트에는 무려 30억 달러(약 3조 원)가 들었지만 그 뒤 새로운 염기서열분석법이 속속 개발되면서 비용이 급속히 떨어졌고 이제는 한 사람의 게놈을 해독하는 데 수천 달러(수백만 원)면 가능한 시대가 됐다(물론 방대한 데이터를 해석해 의미 있는 정보를 얻어내는 건 또 다른 얘기다).

사실 한 사람의 게놈을 이해하는 데 게놈 전체를 해독하는 일이 꼭 필요한 건 아니다. 모든 사람은 게놈의 99% 이상이 동일하기 때문이다. 즉 차이가 있는 부분만 분석해도 정보 대부분을 얻을 수 있다는 말이다. 단일염기다형성(SNP)이라고 불리는 부분이 바로 이런 차이가 있는 곳으로 특정 위치의 염기서열이 달라 단백질에서 해당하는 위치의 아미노산이 바뀌거나 만들어지는 단백질의 양이 달라진다. 수많은 유전자의 SNP에 따라 그 사람의 키나 얼굴 같은 외모에서 성격이나 질병 취약성 등 여러 특징이 결정된다.

　　우리나라에서는 몇몇 의료분야를 제외하고는 개인의 유전정보를 분석하는 게 여전히 불법이지만 여러 나라들에서는 수년 전부터 '게놈 해독 서비스'가 사업화돼 있다. 예를 들어 2007년 설립된 미국의 23앤드미라는 회사는 수백 달러에 고객의 SNP 수십만 곳을 분석해 맞춤형 정보를 제공해준다. 고객은 이 회사가 우편으로 보낸 시험관처럼 생긴 용기에 침을 뱉어 다시 보내기만 하면 된다. 침에 떠다니는 구강상피세포(물론 맨눈으로는 보이지 않는다)에서 DNA를 추출해 분석한다.

　　빛이 강할수록 그림자도 어두운 법. 머리카락 몇 가닥만 있어도 그 사람의 게놈정보를 통째로 알 수 있는 세상이 되면서 개인의 유전정보를 보호하는 일이 심각한 과제로 떠올랐기 때문이다. 모든 사람들이 자신의 게놈 정보를 USB에 갖고 다니며 필요한 상황에서 활용한다면 매우 효과적일 것 같지만(자신에게 잘 듣고 부작용이 적은 약물이 선택할 때처럼), 자칫 환자의 게놈 정보가 유출될 경우 엄청난 파장을 불러올 수도 있다. 개인게놈정보가 지하시장에서 유통되면 기업이나 보험회사, 결혼정보회사 등에서 유용하게 '활용'할 수 있기 때문이다. 물론 의료기관 등에서 엄격하게 통제하는 제도를 만들면 된다는 주장도 있지만, 주민등록번호 등 신상정보가 대량으로 유출된 사건들을 보면 결코 쉽지 않은 일일 것이다. 실제 2014년 초 미국 식품의약국(FDA)은 23앤드미 같은 회사에서 고객의 게놈을 분석해 질병취약성 여부 등을 알려주는 게 불법이라고 경고했고, 그 결과 23앤드미는 이런 서비스를 중단한다고 밝히기도 했다.

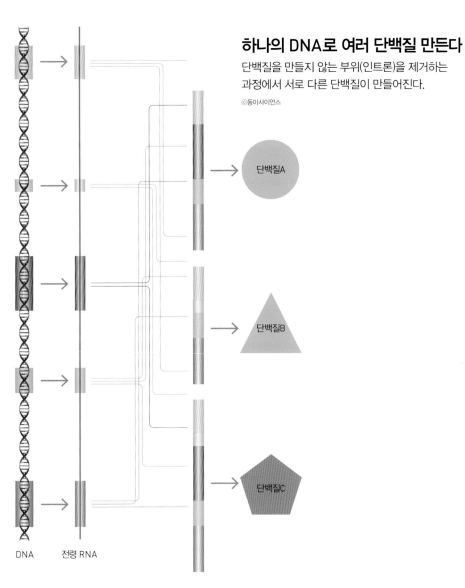

하나의 DNA로 여러 단백질 만든다

단백질을 만들지 않는 부위(인트론)을 제거하는
과정에서 서로 다른 단백질이 만들어진다.

ⓒ동아사이언스

단백질A

단백질B

단백질C

DNA   전령 RNA

수정된 전령 RNA

DNA 이중나선 발견 60년

1953년 꼭꼭 숨겨져 있던 DNA 이중나선의 구조가 밝혀졌다. 이후 생물학은 크게 변했다. 더 이상 눈에 보이는 동식물이나 작은 미생물을 관찰하고 해부하며 실험하는 데에 머무르지 않았다. 미세한 분자 구조물이 어떻게 모이고 작동해 생명 현상을 일으키는지를 연구하는 정교한 학문으로 발전했다. 바로 분자생물학이다. DNA 이중나선 발견 이후 60년 동안의 역사는 분자생물학의 역사라고도 할 수 있다. 이후 한 생물이 지닌 유전자를 모두 해독하는 게놈 연구로 이어졌다.

● 주요 발견　● 노벨상　● 중요한 응용

1981	1980	1978	1977	1975~1980
리보자임 발견 정보를 중간에 전달하기만 하는 역할뿐 아니라 직접 대사에도 작용하는 RNA 효소, 즉 리보자임 첫 발견.	**폴 버그, 월터 길버트, 프레데릭 생어(화학상)** 핵산의 염기 서열 결정과 재조합 DNA 생화학 연구.	**베르너 아버, 다니엘 네이선, 해밀턴 스미스(생리의학상)** DNA를 자르는 제한효소의 발견과 분자유전학 응용.	**RNA 제거(Splicing) 발견** DNA에서 직접 유전정보를 전달하지 않는 인트론(intron)과 이 부분을 잘라내는 메커니즘.	**최초의 게놈(유전체) 염기서열 해독** 프레드릭 생어(영국)의 업적. X174 바이러스의 DNA 5386개를 모두 해석. 처음으로 게놈을 모두 해석한 연구. 이어 유명한 DNA 분자 해석법인 '생어법' 개발. 이 공로로 1980년 두 번째 노벨 화학상 수상.

프레데릭 생어

해밀턴 스미스

1982	1983	1985	1989	1990
아론 클러그(화학상) 핵산–단백질 복합체 구조 연구.	**바바라 맥클린톡(생리의학상)** 트랜스포존 발견.	**DNA 나노기술의 대두** DNA가 갖는 화학적 작용을 바탕으로 물질 중합체를 서로 연결하는 분자 수준의 기술 개발. 이를 통해 물질을 원하는 형태와 기능을 갖도록 만드는 기술 연구 중. 최근의 'DNA 오리가미(종이접기)' 기술로 연결됨.	**시드니 알트먼, 토마스 체크(화학상)** RNA의 촉매 특성 발견.	**인간게놈프로젝트 시작** 여러 명의 지원자로부터 혈액이나 정자를 받아 DNA 염기서열을 읽음.

genome.gov
National Human Genome
National Institutes of Health

2012	2010	2009	2008
'엔코드 프로젝트' 공개 단백질 번역 외 부위에 대한 종합 연구결과 공개	**최초의 합성 생명체 탄생** 크레이그 벤터 연구팀. 박테리아의 유전체 전체를 하나하나의 DNA를 합성하는 방식으로 완성해 다른 박테리아에 삽입, 생명 현상을 유지함을 확인.	**엘리자베스 블랙번, 캐롤 그라이더, 잭 쇼스탁(생리의학상)** 염색체가 끝에 위치한 텔로미어에 의해 어떻게 보호받는지, 그리고 그 역할을 하는 효소 텔로메라제 발견. **토머스 스타이츠, 아다 요나스, 벤카트라만 라마크리슈난(화학상)** 리보솜 기능과 구조 규명.	**1000게놈 프로젝트** 영국, 미국, 중국 등이 합작해 세계의 다양한 인종의 유전자 차이를 규명하기 위해 1000명의 게놈을 분석하는 작업 시작.

1953	1958	1958	1962	1965
DNA 구조 발견 제임스 왓슨(왼쪽)과 프랜시스 크릭 발견, 《네이처》에 게재.	**센트럴 도그마(중심원리) 제안** 프랜시스 크릭이 분자생물학의 중심 원리로 제안. 이후 중요한 원리로 여겨짐.	**복제 실험적 증명** 메튜 메셀슨과 프랭클린 스탈, DNA 두 가닥 중 한 가닥을 바탕으로 복제가 이뤄진다는 사실 실험으로 확인.	**제임스 왓슨, 프랜시스 크릭, 모리스 윌킨스(생리의학상)** 구조 발견에 공헌한 X선 회절실험의 주인공 로절린드 프랭클린은 이미 사망해 수상에서 제외.	**RNA 실험실 합성** RNA 중합효소에 의한 RNA 합성 실험실 첫 성공.

1972	1970	1969	1968
크리스티앙 안핀센, 스탠퍼드 무어, 윌리엄 스타인(화학상) RNA를 분해하는 효소 리보뉴클레이제에 대한 연구.	**역전사효소(Reverse Transcriptase) 발견** DNA→RNA→단백질 순서를 따르는 기존 정보 전달 경로가 아니라, RNA→DNA→RNA→단백질로 가는 경로 최초 발견. 이어 이 효소를 가진 바이러스(레트로바이러스) 발견.	**막스 델브뤽, 알프레드 허쉬, 살바도르 루리아(생리의학상)** 바이러스의 유전 구조와 복제 메커니즘 발견.	**로버트 홀리, 하르 코라나, 마샬 니렌게르크(생리의학상)** 유전 부호의 해석과 단백질 합성.

크리스티앙 안핀센

마샬 니렌베르크

1993	1994	2000	2003
리처드 로버츠 경, 필립 샤프(생리의학상) 인트론으로 분리된 엑손 영역 발견. **카리 물리스, 마이클 스미스(화학상)** DNA를 무한정 늘리는 중합효소연쇄반응(PCR) 개발.	**DNA 컴퓨팅 개념 등장.** 미국 레너드 애들먼이 개척함. 생체분자 컴퓨팅의 일종으로, 생체분자인 DNA의 화학적 작용을 이용해 연산을 수행. 현재까지 연구 중. **단백체학(프로테오믹스) 제안** 유전체학에 비교해 단백질을 총체적으로 연구하는 학문인 단백체학이 제안됨. 이후 인간게놈프로젝트에서 인간에게 예상보다 유전자가 적다는 사실이 밝혀져, 게놈보다 더 다양한 단백질을 연구 중.	**최초의 인간 게놈 초안(드래프트) 완성, 공개** 인간게놈프로젝트의 성과물로서, 인간 유전자 수가 약 3만 개로 밝혀져.	**인간 게놈 완전 해석** 인간게놈프로젝트 완료. 13년에 걸쳐 게놈을 읽어 해석했다.

2007	2007	2006	2006
마리오 카페치, 마틴 에반스 경, 올리버 스미디스(생리의학상) 쥐 배아줄기세포 이용한 유전자 조작 원리 발견.	**최초로 DNA 염기서열 전체(이배체 60억 개) 공개** 미국 생명공학자 크레이그 벤터 연구팀, 벤터 자신의 DNA 염기서열 전체를 최초로 공개. 같은 해 두 번째로 제임스 왓슨 박사 공개.	**앤드류 파이어, 크레이그 멜로(생리의학상)** RNA 간섭 현상 발견. **로저 콘버그(화학상)** 진핵생물의 전사 과정 규명(아래)	**미국 비영리 연구 '개인게놈프로젝트(PGP)' 시작** 인간의 건강을 위해 자발적 참여자를 대상으로 한 게놈 연구. 희귀질환과 신체 특징 등을 게놈과 연관 지어 연구하기 위한 방대한 데이터 수집 작업. 한국에서도 2011년 한국인개인게놈프로젝트(KPGP) 시작.

크레이그 벤터

로저 콘버그

고인류학에서 메타유전체학까지

한편 게놈 해독 기술이 고도로 발전하면서 응용되는 영역이 급속히 넓어지고 있고, 그 결과 예전에는 상상하기 어려웠던 결과들이 속속 나오고 있다. 고인류학이 대표적인 분야다. 불과 한 세대 전만 해도 뼈나 치아 같은 화석의 형태를 비교하는 게 사실상 연구의 전부였지만 화석에서 DNA를 추출해 분석하는 기술이 확립되면서 4만 년 전 멸종한 네안데르탈인의 게놈이 해독되기에 이르렀다. 그 결과 현생인류와의 혈연관계 여부에 대한 오랫동안의 논란이 끝났다(피가 섞인 것으로). 또 시베리아에서 출토된 4만 년 전 새끼손가락뼈 한마디에서 추출한 DNA를 해독하자 데니소바인이라는 미지의 인류로 밝혀져 학계에 충격을 주기도 했다.

수사 영역에서도 DNA분석 증거가 차지하는 비중이 갈수록 높아지고 있다. 절도로 잡힌 범인의 DNA를 분석한 결과 수년 전 성폭행 사건의 범인으로 밝혀졌다는 식의 뉴스가 가끔 나오고 있다. DNA검사를 통한 친자확인은 요즘 드라마의 단골 소재다. 게놈 상에서 개인마다 차이가 있는 부분 수십 곳을 골라 염기서열을 분석하면 본인 확인이나 친자 확인이 가능하기 때문이다. 전혀 일면식도 없는 사람이 우연히도 똑같은 패턴을 보이는 건 로또 1등에 당첨되는 것보다 확률이 낮다. 사람뿐만 아니다. 농산물의 원산지를 규명하는 데도 DNA분석이 활용되고 있다. 한우에만 있는 패턴을 확인하는 식이다.

이십여 년 전부터 엄청난 연구가 진행되고 있는 장내미생물 연구는 이제 인간을 '개체인 인간과 장내미생물 군집의 공생체'로 재정의하기에 이르렀다. 그런데 이런 장내미생물 연구가 가능해진 것도 게놈분석기술 덕분이다. 혐기성, 즉 산소가 희박한 환경인 장내에 거주하는 미생물 대다수는 페트리접시에서 배양이 안 된다. 따라서 대장균 등 몇 가지를 빼고는 대부분 실체조차 몰랐다. 그런데 이제는 시료(대변)에 있는 장내미생물 수백 종의 게놈을 한꺼번에 분석해 얻은 방대한 데이터를 데이터베이스와 비교해 장내미생물의 종과 상대적인 분포 비율을 추

DNA
—

측하는 것. 이런 분야를 '메타유전체학'이라고 부른다.

다채로운 유전자 발현 조절 메커니즘

DNA염기서열분석을 통한 게놈해독이 생명체의 정적인 구조를 알려준다면 실제 생물이 살아갈 때 세포 안에서 일어나는 일들에 대한 실마리를 주는 건 DNA의 동적인 측면, 즉 유전자 발현 양상에 대한 연구다. 사람의 세포는 모두 동일한 게놈을 지니고 있지만 200여 가지가 넘는 유형의 세포로 분화돼 있는 건 각 세포마다 유전자의 발현패턴이 다르기 때문이다.

1950년대 프랑스 파스퇴르연구소의 생물학자 프랑수아 자콥과 자크 모노는 분자생물학 기법을 이용해 유전자발현의 비밀을 밝혔다. 이들은 대장균이 포도당 대신 젖당이 있는 배지에 놓이면 젖당을 소화할 수 있는 일련의 유전자가 발현된다는 사실과 그 메커니즘을 밝혔다. 그리고 이런 유전자 발현 단위를 '오페론(operon)'이라고 불렀다. 그 뒤 유전자 조절 메커니즘이 박테리아뿐 아니라 초파리나 사람 등 모든 생명체에 존재하고 있다는 사실과 이와 관련된 다양한 메커니즘이 속속 밝혀졌다.

DNA

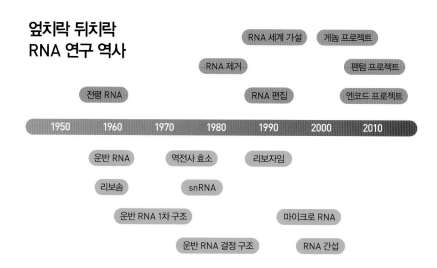

엎치락 뒤치락 RNA 연구 역사

마이크로 RNA의 두 가지 역할

마이크로 RNA와 단백질이 'RNA 유도침묵
복합체(RISC)'를 이룬다. 이들은 전령
RNA에 상보적으로 붙는다. 하지만
결합하는 정도에 따라 다른 기능을 한다.

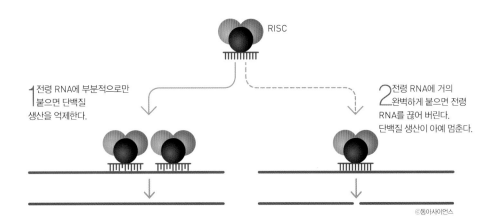

RISC

1 전령 RNA에 부분적으로만
붙으면 단백질
생산을 억제한다.

2 전령 RNA에 거의
완벽하게 붙으면 전령
RNA를 끊어 버린다.
단백질 생산이 아예 멈춘다.

©동아사이언스

DNA

1990년대 들어 유전자 발현 조절 분야에서 놀라운 사건이 있었는
데 바로 마이크로RNA(miRNA)의 발견이다. 이전까지는 전사인자 등
DNA에서 전령RNA(mRNA)로 유전자가 전사되는 과정을 조절하는
게 전부인 줄 알았는데, mRNA가 단백질로 번역되기 직전에 miRNA
의 조절도 받는다는 사실이 밝혀진 것. miRNA는 염기 20여 개로 이뤄
진 짧은 RNA단일가닥으로 mRNA에서 염기서열이 상보적인 부분에
달라붙는다. 그러면 이를 인식한 효소가 이 부분을 자르거나 번역을 방
해해 결국 발현을 억제하는 효과를 낸다(단백질을 만들지 못했으므로).
miRNA는 동식물을 포함해 진핵생물에 존재하는 것으로 밝혀졌고 몇
몇 암을 비롯해 많은 질병이 miRNA가 관여하는 조절에 문제가 생긴
결과라는 사실이 규명됐다.

한편 게놈에서 유전자가 아닌 부분, 즉 소위 '쓰레기(junk) DNA'
로 알려진 부분도 유전자 발현 조절의 관점에서 재조명되고 있다. 사람
의 경우 30억 염기쌍 가운데 유전자의 정보를 담고 있는 부분(엑손이라

고 부른다)은 1.5%에 불과하고 나머지 98.5%는 있어도 그만 없어도 그만인 정크 DNA라고 생각돼 왔다. 그러나 이런 부분에 변이가 일어날 때 유전자 발현에 영향을 미치는 예가 속속 보고되면서 과학자들은 정크 DNA를 진지하게 살피기 시작했다. 즉 엔코드(ENCODE) 프로젝트라고 알려진, 인간 게놈 전체를 면밀히 조사하는 대규모 연구다.

2012년 9월 마침내 연구 결과를 담은 논문 수십 편이 ≪네이처≫, ≪사이언스≫ 등 주요 저널에 실리면서 정크 DNA는 더 이상 쓰레기가 아니고 대신 정크 DNA라는 '개념'이 쓰레기통에 들어가야 한다는 결론이 나왔다. 즉 인간 게놈에서 정크 DNA 부분의 80%는 어떤 식으로든 기능을 갖고 있다는 것. 즉 상당 부분이 유전자의 발현을 조절하는 역할을 하고 또 실제 전사가 일어나 RNA가닥을 만든다는 사실이 밝혀졌다 (물론 유전자가 아니므로 실제 단백질로 이어지지는 않는다). 여러 조직에서 얻은 140여 가지 유형의 세포를 분석한 결과 유전자가 아닌 영역의 활동이 세포마다 달랐고, 이는 곧 이들 영역의 활동 유무가 각 세포의 특성에 영향을 미침을 시사했다. 한편 엔코드 프로젝트의 해석이 정크 DNA의 중요성을 너무 과장한 측면도 있다는 몇몇 과학자들의 반박도 이어졌다. 앞으로 어떻게 결론이 날지는 모르지만 게놈의 1.5%만으로는 인간을 제대로 설명할 수 없다는 것만은 분명한 사실이다.

유전자 발현이 DNA 자체의 구조변화를 통해서도 조절된다는 사실도 밝혀졌다. 즉 DNA염기서열 자체는 변화가 없어도 염기 분자나 게놈(염색질)에서 DNA와 복합체를 이루고 있는 단백질인 히스톤 분자에 화학적 변형이 일어나 유전자 발현이 촉진되거나 억제된다는 사실이 밝혀졌기 때문이다. 이런 메커니즘을 연구하는 분야를 '후성유전학(epigenetics)'이라고 부른다. 후성유전적인 조절의 대표적인 예가 DNA염기에 메틸기($-CH_3$)가 붙는 변화다. 염기 가운데 시토신(C)에 메틸기가 붙으면 유전자 발현이 억제된다. 흥미로운 사실은 환경의 변화가 DNA의 메틸화를 촉진하거나 억제한다는 것. 또 이런 후성유전적 변화 역시 유전될 수 있다는 사실도 밝혀졌다.

저장매체에서 기능성재료까지

DNA연구가 생명과학이나 의학 분야에 국한된 것만은 아니다. 이삼십 년 전부터 정보과학이나 재료과학 분야의 연구자들도 DNA를 주목하기 시작했다. 사실 DNA는 유전정보를 담고 있는 분자이므로 정보과학자들이 당연히 주목하기 마련이다. 오늘날 디지털 컴퓨터의 기반이 된 게 0과 1로 나타내는 2진수 체계라면 DNA는 4진수 체계(A, T, G, C)라고 볼 수 있다. 그만큼 정보를 더 압축해 저장할 수 있다는 말이다. 이론은 그렇지만 실제로 DNA를 정보저장매체로 쓰기는 어려웠다. 정보를 저장하고 꺼내는 데 너무 비용이 많이 들기 때문이다.

그런데 최근 DNA염기 합성과 해독 비용이 급감하면서 DNA저장매체 연구가 급진전하고 있다. 과학자들이 DNA를 저장매체로 진지하게 생각하는 이유는 현재 쓰이는 저장매체인 자기 테이프나 CD, 하드디스크 등은 수십 년이 지나면 정보의 상당 부분이 손실되기 때문이다. 예를 들어 TV에서 오래전 자료화면을 보면 화질이 안 좋은데 자화된 정보의 일부를 잃은 결과다. 반면 DNA염기서열로 저장된 정보는 매우 안정해 4만 년 전 네안데르탈인의 게놈을 해독할 정도다. 2013년 영국과 미국 공동 연구팀은 1953년 왓슨과 크릭의 DNA이중나선 논문을 비롯해 5가지 형태의 파일을 DNA에 저장하고 이를 꺼내 100% 재현하는 데 성공했다고 학술지 ≪네이처≫에 발표했다. 아직은 DNA에 정보를 저장하는 비용이 기존 디지털 저장매체보다 훨씬 높지만 비용이 10분의 1로 떨어지면 100년을 기준으로 두 방법의 비용이 대등해진다. 즉 DNA는 저장에 돈이 더 들어가지만 유지에는 덜 들어가는 반면 디지털 매체는 저장에는 덜 들어가지만 유지비가 높기 때문이다. 머지않아 중요한 기록부터 DNA로 저장하는 시대가 올 수도 있다는 말이다.

DNA 자체를 컴퓨터로 쓸 수도 있다. 즉 DNA조각의 염기서열을 교묘히 이용해 디지털 컴퓨터로는 제대로 풀지 못하는 특수한 유형의

DNA

문제를 손쉽게 해결할 수 있다는 것. 대표적인 예가 '세일즈맨 문제'다. 즉 여러 도시를 한 번씩 방문하는 가장 효율적인 경로를 찾는 문제의 경우 도시 숫자가 늘수록 기존 디지털 컴퓨터 프로그램에서는 연산시간이 기하급수적으로 늘어난다. 그런데 DNA조각(분자) 각각에 도시와 교통수단을 지정하고 조각들을 시험관에 넣어 사슬을 만들게 반응을 시키면 최적의 경로를 나타내는 서열이 얻어진다. 응용폭이 좁아 DNA 컴퓨터가 디지털 컴퓨터처럼 대중화되기는 어렵겠지만 특수한 연산이나 암호 등 분야에서 적용될 수 있다.

DNA염기의 상보성을 바탕으로 DNA를 나노소자로 이용하는 연구도 한창이다. 즉 두 가닥의 상보적인 염기가 만나 자발적으로 쌍을 이루는 성질을 이용해 DNA염기서열을 교묘히 배치해 DNA가닥으로 다양한 모양의 '나노블록'을 만들 수 있기 때문이다. 이를 'DNA 오리가미(종이접기)'라고도 부른다. 전자현미경으로 DNA 오리가미로 만든 결과물을 보면 정사각형은 물론 별, 웃는 얼굴, 지그재그 등 다양한 형태를 얻을 수 있다. 이런 2차원 오리가미뿐 아니라 3차원 구조물도 만들 수 있다. 즉 정사각형 6개가 서로 한 면을 이루는 정육면체를 만들 수 있고 그 가운데 하나를 뚜껑처럼 열고 닫을 수도 있다. 즉 DNA의 염기순서를 적절하게 배치하면 이런 구조물들을 다량 얻을 수 있다는 말이다.

한편 고리형으로 만든 DNA에 DNA중합효소를 넣고 DNA를 복제하게 하면 효소가 DNA고리를 돌면서 반복적으로 복제를 계속해 긴 DNA단일가닥이 나오고 이게 뭉치면서 궁극적으로는 스펀지처럼 다공성 구조가 형성된다. 이렇게 만든 DNA 다공성 재료는 강인하면서도 원래 길이의 5배까지 늘어나는 신축성이 있다. 이 빈 공간에 세포를 넣어 키워 특정한 생체조직을 만들거나 약물을 넣어 몸 안에서 DNA 뭉치가 분해될 때 서서히 방출되게 하는 약물전달체계를 만들 수 있다.

원래 환갑은 장수를 축하하는 자리였지만 요즘은 '인생은 60부터'라는 말이 있듯이, 환갑을 맞은 DNA 연구 역시 여전히 청춘인 셈이다.

우주 개발

송은영

고려대학교 물리학과를 졸업하고, 동대학원에서 원자핵물리학을 전공했다. 1993년부터 과학 대중화의 길을 걸어오면서 열정적인 작품 활동을 해왔고, 1999년 제17회 한국과학기술 도서상(저술 부분, 과학기술처 장관상)을 수상했다. 저서로는 『아인슈타인의 생각 실험실』, 『미스터 퐁 과학에 빠지다』, 『아인슈타인과 호킹의 블랙홀 랑데부』 등 다수의 저서가 있다.

2026년
화성 관광 시대 도래

인류가 우주를 알기까지

　　개발이란 토지나 천연자원을 유용하게 만들거나 지식이나 재능 등을 발달하게 하고, 산업이나 경제를 발전하게 하거나 새로운 물건을 만들거나 새로운 생각을 내는 것이다. 새롭고 유용하게 만들고, 발달시키고 발전시키려면 실체를 알아야 한다. 무에서 유를 창조할 수는 없다. 이는 만고불변의 진리로 우주에도 그대로 적용된다. 우주를 모르고 우주개발을 할 수는 없는 것이다. 그래서 우주개발은 우주의 실체를 알기 위해 애쓴 노력과 궤를 달리할 수 없다.

　　밤하늘을 올려다보고 있으면 별과 행성 같은 갖가지 천체들이 둥근 유리구 같은 것에 붙박여 있는 것처럼 보인다. 천체가 붙어 있는 이런 가상의 구를 천구(天球, celestial sphere)라고 한다. 천구는 지구를 중심으로 그려진, 반지름이 무한대에 가까운 엄청난 크기의 구다. 지구에서 천구까지는 거리가 일정하니 지구에 있는 관측자에게 천체까지의 거리는 별 의미가 없다. 천체가 천구 상에서 옆으로 위아래로 움직이는 변화만이 의미가 있을 뿐이고, 맨눈으로는 오로지 그것만이 관측될 뿐이다.

스위스 시계 제조공이 만든 기계 천구

지구는 서에서 동으로 자전한다. 하지만 천구의 중심에 지구가 고정돼 있다고 믿었기에 동에서 서로 천구가 이동한다고 보았다. 우리의 선조들은 이런 겉보기적인 형상으로 우주를 관측하며 천체의 운동을 해석했고, 이것은 16세기 코페르니쿠스가 등장하기까지 별다른 이의 없이 이어져 내려왔다.

코페르니쿠스는 지동설을 주장했다. 천구가 움직이는 게 아니라 지구가 회전하다니! 그러나 코페르니쿠스는 천구라는 개념을 완전히 떼어버린 채 지동설을 주장한 것은 아니다. 지구가 회전하는 게 옳다고 외치려면, 수천 년 동안 천구라는 기본 틀 위에 탄탄히 쌓아올린 천체의 이론을 반박할 수 있는 증거를 내놓아야 한다. 그러나 천구를 인정하는 한 이를 완벽히 해결하기란 어렵다. 코페르니쿠스도 여기서 예외는 아니었다. 그래서 그의 지동설은 허점이 있었고, 당시의 천문학자들을 지동설 지지자로 끌어들이기에는 마뜩치 않은 게 사실이었다. 물론, 종교적인 문제도 거기에 한몫했지만 말이다.

기존의 우주관을 깨려면 천구가 안고 있는 허점을 들추어내 바로잡아야 한다. 앞서도 언급했듯이, 천구는 지구로부터의 거리가 무의미하다. 그러나 실제는 어떤가. 달보다 화성이 멀고, 목성보다 북극성이 멀다. 그런데도 천구의 개념으로 놓고 보면 이들 모두가 지구로부터 동일 거리만큼 떨어져 있다. 그래서 실제와는 다른 관측 결과가 나온다. 너무 밝은데도 멀리 있어서 흐릿하게 보이고, 그보다 어두운데도 가까이 있어서 밝게 보이는 별이 있는 것이다.

천체 관측을 정확히 하기 위해선 상하좌우뿐만 아니라, 멀리와 가까이라는 전후 개념이 포함돼야 한다. 이를 실질적으로 최초로 해낸 사람이 바로 갈릴레오 갈릴레이다. 갈릴레이가 우주 관측의 신기원을 이룰 수 있었던 것은 천체 관측에 망원경을 최초로 도입했기 때문이다. 갈릴레이는 목성을 관측하면서 위성이 목성 앞으로 나타났다가 뒤로 숨은 과정을 자신의 저서『시데레우스 눈치우스』에 이렇게 적고 있다.

중세의 하늘 그림

"목성 주위를 둘러보니 세 개의 별이 두 개의 별로 줄어 있었습니다. 한 개의 별이 목성 뒤로 숨어서 보이지 않았던 것입니다."

갈릴레이는 목성의 위성을 별로 쓰고 있다. 이 당시는 별과 행성과 위성의 정확한 구분이 이루어지지 않은 시기여서 갈릴레이는 대부분의 천체를 별로 통일시켰다. 여하튼 위성이 목성 앞으로 왔다가 뒤로 갔다는 것은 지구와 거리감이 생겼다는 의미이다. 이는 천체가 천구에 붙어서 운동한다는, 오랫동안 의심 없이 이어져 온 천동설이 거짓이라는 뜻이기도 했다.

우주는 이제 지구와 천체 사이의 거리가 일정하지 않는 공간으로 바뀌었다. 중력은 거리 개념 없이는 성립할 수 없는 힘이다. 거리의 제곱에 반비례해서 작용하는 힘이기 때문이다. 뉴턴은『프린키피아』에서 이를 수학적으로 증명했고, 중력을 적용해 천체의 운동을 예측하는 더없이 중요한 이론을 유도했다. 이것이 우리가 흔히 만유인력의 법칙이라고 알고 있는 중력 법칙이다. 뉴턴의 중력 법칙과 한층 더 발전하는 천체망원경 덕분에 우주론은 나날이 발전했다. 20세기에 들어선 급기야 우리은하

윌슨 산 천문대에 있는 100인치짜리 후커 망원경

를 넘어 우주의 저 끝까지 연구 범위를 확장시켰고, 우리 우주가 빅뱅이라는 대폭발로 탄생했으며, 우주의 나이가 137억 살에 이른다는 사실까지 밝혀내기에 이르렀다.

인공위성에서 우주왕복선까지

우주개발을 향한 첫 걸음으로 우주의 실체를 알았으니 다음은 인간이 직접 우주로 뛰어드는 것이었다. 옛 사람에게 지구 바깥은 오로지 신들만의 세상이어서 달과 별이 있는 우주로 나아간다는 것은 꿈속에서나 가능한 일이었다. 그러나 20세기에 들어 감히 이룰 수 없으리라고 본 그러한 꿈이 현실이 되었다.

1957년 소련(지금의 러시아)은 인류 최초의 인공위성인 스푸트니크 1호 발사에 성공했고, 뒤를 이어 미국이 1958년에 익스플로러 1호를 띄워 올렸다. 이후로 세계 각국은 과학 연구 목적의 인공위성, 방송과 통신용 인공위성, 기상 관측용 인공위성, 감시용의 군사 첩보 인공위성 등 다양한 쓰임새의 인공위성을 쏘아 올렸다. 현재는 우리나라의 무궁화호와 우리별호를 비롯해 수 천대의 인공위성이 부딪칠 것을 걱정하며 지구 상공을 쉼 없이 돌고 있다.

미국은 자신들이 가장 먼저 인공위성을 쏘아 올릴 거라고 믿어 의심치 않았다. 그러나 소련이 먼저 띄워 올리자 미국은 당황했고, 우주 개발 경쟁에서 뒤쳐질 수 있다는 위기감에 미항공우주국(NASA)을 세웠고 미국 대통령 케네디는 이렇게 말했다. "1960년대가 다 가기 전에 인간을 달에 보내겠다." 이로부터 야심차게 추진한 것이 아폴로 계획이다. 미국은 막대한 투자를 아끼지 않았고, 1969년 우주인을 태운 아폴로 11호 우주선을 달에

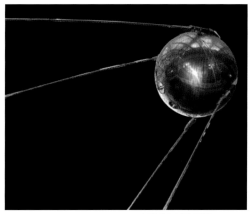

스푸트니크 1호 모형

착륙시키는 데 성공했다.

이후 미국과 러시아는 민주주의 국가와 사회주의 국가의 대표 주자로서 경쟁하듯 우주선을 쏘아 올렸다. 베네라, 베가, 마리너, 비너스, 마젤란 등 20여 대가 넘는 금성 탐사선을 발사했고, 화성에는 마르스, 포보스, 바이킹 등 30여 대의 탐사선을 보냈다. 목성에는 파이오니아, 보이저, 갈릴레오 탐사선을 쏘아 보냈고, 토성에는 파이오니아, 보이저, 카시니-호이겐스 탐사선을 보냈다. 그리고 보이저 2호는 천왕성과 해왕성을 탐사하고, 현재는 그 너머 우주를 향해 계속 항해 중이다.

우주선 발사에는 엄청난 돈이 든다. 그러다 보니 경제력이 없는 국가는 하고 싶어도 못하는 게 우주 개발이다. 미국이 초강대국이지만, 그런 미국조차 우주선을 연거푸 쏘아 올리는 것은 크나큰 경제적 고민거리였다. 그래서 생각해낸 것이 우주왕복선이다.

스페이스셔틀이라 부르는 우주 왕복선은 비행기처럼 착륙이 가능해서 여러 번 사용이 가능하다. 우주 왕복선은 지구 상공과 지상을 연결해주는 다리나 마찬가지로, 인공위성이 머무는 곳까지 올라갔다 내려온다. 인공위성이나 앞서 미국과 소련이 무수히 쏘아올린 태양계 행성 탐사선에는 사람이 탑승하지 않지만, 우주 왕복선은 달라서 우주 비행사가 탄다. 그들은 우주 왕복선을 타고 지구 상공으로 올라가 우주 정거장에 머물면서, 지상에서 하지 못하는 여러 실험을 하거나 허블 우주 망원경을 수리하곤 한다. 애틀랜티스호, 콜럼비아호, 챌린저호, 디스커버리호가 그 역할을 충실히 했다. 2012년에는 미국의 민간 우주 기업인 스페이스X가 우주왕복선 드래건을 발사해 국제 우주 정거장에 화물 수송을 옮기는 작업을 성공리에 마치기도 했다.

중국의 달 착륙과 인도의 화성 궤도 진입

이제껏 무인 탐사선을 달에 착륙시킨 나라는 미국과 러시아뿐이었는데, 중국이 거기에 가세했다. 얼마 전까지만 해도 서구의 전유물로

만 여겨졌던 우주 탐사가 이제는 중국과 인도의 가세로 점입가경이 되는 흐름이다.

중국은 2003년 최초의 유인 우주선인 선저우(神舟) 5호 발사에 성공했다. 이로써 미국과 러시아에 이어 세계에서 3번째로 유인 우주선 보유국 대열에 합류했다. 2011년에는 우주 정거장 톈궁 1호를 발사했고, 그 해에 무인 우주선 선저우 8호와 톈궁 1호의 도킹에 성공했다. 이로써 중국은 사실상 지상과 지구 상공을 언제든 오갈 수 있는 기술을 보유한 국가가 된 셈이다.

우주 개발에 대한 중국의 야심찬 도전은 계속 이어져서 2013년에는 중국의 달 탐사 위성인 창어 3호가 달에 착륙하는 쾌거를 이루었고, 달 탐사차 옥토끼(玉兎 · 중국명 위투)는 완전한 중국 기술로 제작한 것이라고 한다. 이는 중국이 월면 탐사기기에 대한 원거리 조종 능력을 확보했다는 의미이고, 중국의 우주 과학 기술이 세계 최고 수준에 이르렀음을 보여주는 것이다. 더불어 미국이나 러시아와 함께 달 자원을 같이 누릴 수 있는 권리를 획득하게 됐다는 뜻이기도 하다

2020년 완성을 목표로 3단계로 나눠 진행해 온 중국의 달 탐사 프로젝트는 이제 2단계가 끝났다. 중국은 창어 4호를 통해 그 마지막 단계를 완성할 예정이다. 미국 다음

내비게이션 카메라

태양전지판

ⓒ동아사이언스

위투호(모형 사진)

시속 200m로 이동. 경사 20도까지 오르며, 높이 20cm 이하의 장애물은 넘어갈 수 있다. 바퀴는 총 6개며, 태양전지판을 펴지 않은 상태에서 세로 1.5m, 가로 1m, 높이 1.1m다. 총 무게는 140kg 정도다. 지질 탐사용 레이더, 알파 입자 X선 분광기, 적외선 분광기, 파노라마 사진기 등이 있다고 알려져 있다.

아래쪽에 지표 투과 레이더가 있다. 지하 100m 이상까지 측정 가능하다.

의 경제 대국으로 올라선 중국은 달 탐사 프로젝트 외에도 유인 우주선을 달에 보내고, 지구 상공에 우주인이 상주하는 우주정거장을 건설하고, 화성과 목성에 탐사선을 보내는 야심찬 계획을 세워놓고 있다.

엘크로스호

2014년에는 인도가 쏘아올린 화성 탐사선 망갈리안(힌두어로 화성 탐사선)호가 화성 궤도 진입에 성공했다. 이는 미국과 구소련과 유럽연합(EU)에 이은 세계 네 번째 쾌거다. 화성 탐사선의 궤도 진입은 미국이 1964년에, 러시아가 1971년에, 2003년에는 유럽연합이 성공했고, 일본은 1998년에 중국은 2011년에 시도했으나 아쉽게도 실패했다. 망갈리안호는 2013년 11월 발사된 후 10개월 간 2억 킬로미터를 날아 화성에 진입했다. 인도의 우주 통제 센터에서 망갈리안호의 화성 궤도 진입 순간을 지켜보고 있던 과학자들은 벌떡 일어나 흥분을 감추지 못했고, 인도 총리는 "오늘 역사가 새로 쓰였다"고 말했다고 한다. 망갈리안 호는 6개월가량 화성 궤도를 공전하면서 화성 대기에 관한 정보를 수집할 예정이다.

우주개발

인도의 화성 궤도 진입 성공이 갖는 또 다른 의의는 아시아 국가로는 처음이라는 점 외에 다른 나라가 들인 비용에 비해 훨씬 저렴하게 계획을 성공했다는 것이다. 인도는 이번 화성 궤도 진입 성공에 7500만 달러가량 들었다고 한다. 미국이 최근 발사한 화상 탐사선 메이븐 호에 쏟아 부은 돈은 6억 7100만 달러에 이르렀다.

창어3호 발사 장면.

창어3호(왼쪽)와 위투호(오른쪽)가 달에서 마주 보고 동시에 찍은 사진.

달 탐사 발사체와 착륙선

발사체에 탑재된 착륙선과 로버가 분리되는 과정을 주요
단계 중심으로 정리하였다. 달에 도착한 착륙선과 로버는
궤도선을 통해 지구와 통신한다.

③ 페어링 분리

② 발사체1단 분리

④ 발사체 2단
및 3단 분리

① 발사

달 착륙선의 궤도
발사부터 달 착륙까지 궤도 변화

1. 발사
2. 지구 저궤도 진입
3. 첫 번째 위상 전이궤도
4. 두 번째 위상 전이궤도
5. 지구-달 전이궤도 투입
6. 중간 경로 수정
7. 지구-달 전이궤적
8. 달 진입
9. 달 임무 궤도 진입
10. 감속 후 착륙

지구

달

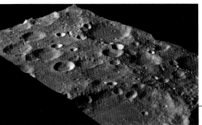

2007년 발사한
중국 창어1호가
촬영한 3차원 달
지형.

2008년 발사한 인도
찬드리안1호가
관측한 달의 물
지도. 파란 부분에
물이 있을 가능성이
높다.

최근 달 탐사 흐름

여러 나라가 보낸 탐사선들의 주요 임무다.
달의 표면에서 시작해 중력장과 내부 구조까지
연구 범위를 꾸준히 넓히고 있다.

	2007	2008	2009	2010
표면 지형		셀레네(SELENE)1호		일본
		창어1호		중국
물			찬드리안1호	인도
중력장				
표면 입자				
내부 지질구조				
달에서 외부 우주 관측		셀레네(SELENE)1호		일본

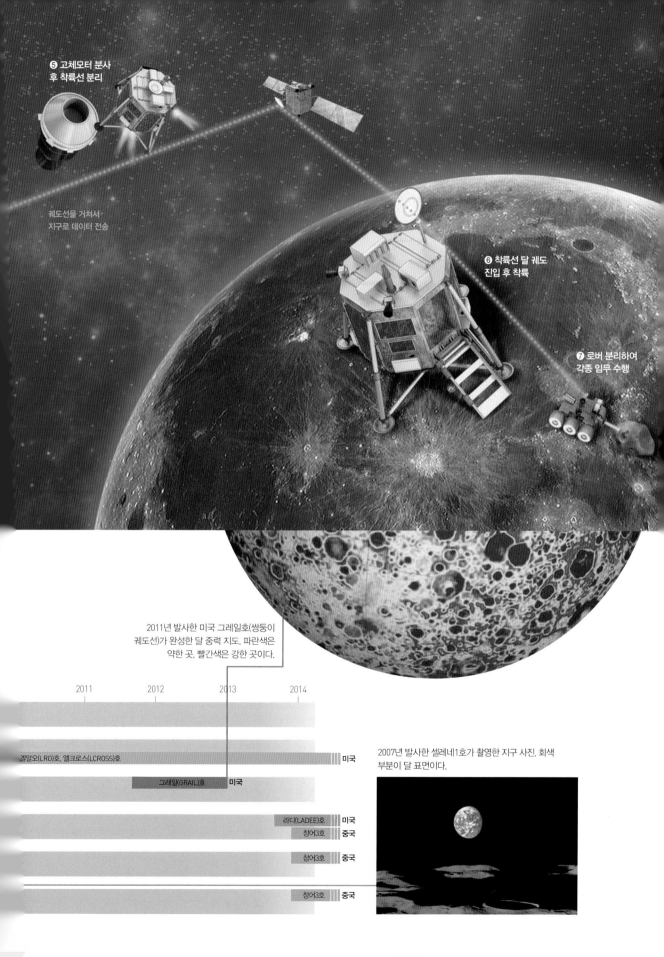

❺ 고체모터 분사
후 착륙선 분리

궤도선을 거쳐서
지구로 데이터 전송

❻ 착륙선 달 궤도
진입 후 착륙

❼ 로버 분리하여
각종 임무 수행

2011년 발사한 미국 그레일호(쌍둥이
궤도선)가 완성한 달 중력 지도. 파란색은
약한 곳, 빨간색은 강한 곳이다.

2011	2012	2013	2014

레알오(LRO)호, 엘크로스(LCROSS)호 ‖ 미국

그레알(GRAIL)호 ‖ 미국

라디(LADEE)호 ‖ 미국
창어3호 ‖ 중국

창어3호 ‖ 중국

창어3호 ‖ 중국

2007년 발사한 셀레네1호가 촬영한 지구 사진. 회색
부분이 달 표면이다.

우주 관광 시대의 진입

1) 우주 관광 상품

앞으로 10년쯤이면 우주 관광이 가능할 것으로 보인다. 세계 1위 여행 가격 비교 사이트인 스카이 스캐너는 2024년의 미래 여행이란 보고서를 펴냈다. 이를 보면 2024년에는 첨단 과학 기술에 힘입어 우주 관광이 가능해진다. 지구 궤도 여행도 보편화 될 것으로 예측됐다. 미국의 민간 우주 관광 기업인 월드 뷰 엔터프라이즈는 2016년부터 40만㎥의 헬륨가스 풍선에 가압 선실을 달아 여행객을 지구 표면 위 30km 높이까지 실어 나를 예정이라고 한다.

스페인 바르셀로나에 건축될 모빌로나 우주 호텔은 여행객이 우주에 가지 않고 창문을 통해 실제처럼 은하계를 보고, 수직으로 된 바람 터널과 스파 시설에서 무중력을 경험하도록 할 예정이다. 저렴한 가격으로 많은 사람이 우주여행을 체험하도록 해보겠다는 것이다.

영국의 억만장자 리처드 브랜슨이 설립한 버진 갤럭틱은 그들이 우주 관광 시대의 포문을 열겠다는 계획을 세우고 있다. 버진 갤럭틱은 이르면 2015년에 조종사 2명에 관광객 6명을 태운 우주선 스페이스십2를 쏘아 올릴 예정이다. 스페이스십2는 1만 5000미터 상공으로 이동 후 110킬로미터 상공까지 올라가 5~6분간 무중력 상태로 지구를 바라보는 우주 관광을 할 예정이라고 한다. 이 관광 비용은 25만 달러인데, 700개 좌석이 매진된 것으로 알려졌다. 예약자 중에는 스티븐 호킹 박사를 비롯해 레이디 가가와 브래드 피트 같은 유명 인사가 포함돼 있다. 버진 갤럭틱은 우주에서 1주일가량 머무는 상품도 개발 중이라고 한다.

민간 우주 기업인 스페이스X는 미 항공우주국이 우주 비행 사업을 함께 할 최우선 후보로 꼽고 있는 회사다. 스페이스X에서는 우주 택시로 불리는 캡슐 형태의 유인 우주선 드래곤V2에 최대 7명을 태우고 국제 우주 정거장까지의 우주여행을 계획 중이다. 이 회사는 드래곤V2의 개발이 끝나면 2026년경에는 지구와 화성을 왕복하는 우주관광 상품을 5억 원 수준에서 내놓겠다고 한다.

스페이스X를 창업한 페이팔의 엘론 머스크.

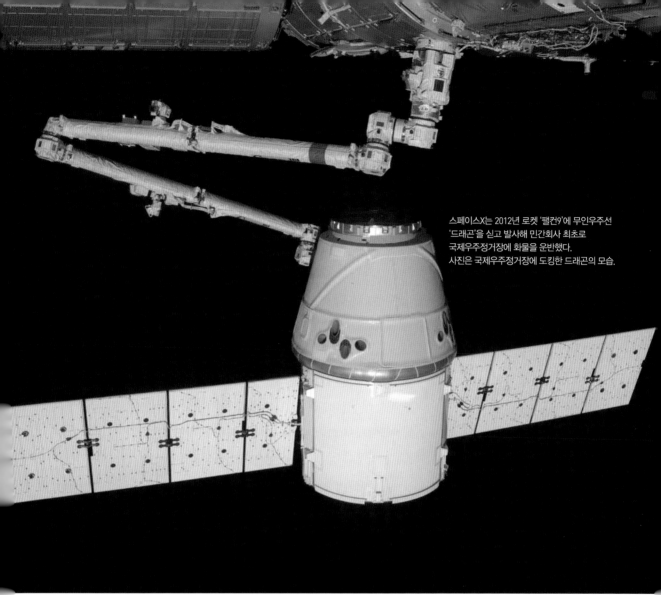

스페이스X는 2012년 로켓 '팰컨9'에 무인우주선 '드래곤'을 싣고 발사해 민간회사 최초로 국제우주정거장에 화물을 운반했다. 사진은 국제우주정거장에 도킹한 드래곤의 모습.

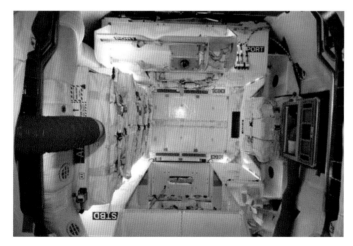

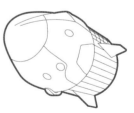

드래곤V2

지난 5월 29일 스페이스X 엘론 머스크 CEO는 유인우주선 드래곤V2를 공개했다. 2016년 상용화할 예정이다. 드래곤V2의 내부 모습

버진갤럭틱 스페이스십2의 모습.

우주개발

엘론 머스크는 미국 전역에 퍼진
우주기술을 활용해 창업 6년 만인
2008년 로켓 '팰컨1'을 개발해 발사하는
데 성공했다(위).
유인우주선 드래곤V2가 지구 궤도를
도는 가상도(아래).

스페이스십2

2)우주 엘리베이터

인공위성이 있는 곳까지 엘리베이터를 설치할 수는 없을까
라는 꿈에서 시작된 우주 엘리베이터 구상. 미국 항공우주국 과학
자들은 이것이 상상이 아닌 현실로 2060년 즈음에는 가능할 거라
고 예측한다.

그런데 여기에 한 술 더 떠 일본의 민간 업체인 오바야시구
미가 최근 2050년까지 상공 9만 6000㎞까지 왕복 가능한 우주 엘
리베이터를 건설하겠다고 밝혔다. 지상에서 9만 6000㎞까지는
지구에서 달까지의 4분의 1에 해당하는 엄청난 거리다. 우주 엘리
베이터는 SF문학의 대가 아서 C. 클라크가 1940년대에 처음으로
구상했다.

우주 엘리베이터의 필요성은 사람과 물자를 경제적으로 운
반하려는 우주 개발 사업과 더불어 대두됐다. 현재와 같은 로켓을
이용한 방법은 지구 중력을 벗어나는데 막대한 연료가 필요해서
적잖은 비용이 드는 게 현실이다. 로켓 수송에 들어가는 돈은 1kg
당 1000만 원 전후인 것으로 알려져 있는데, 우주 엘리베이터가 실
현되면 1kg당 비용이 수십만 원으로까지 떨어질 것으로 예측한다.

일본의 민간 업체가 구상 중인 우주 엘리베이터는 시속

200km로 움직이며 한번에 30명까지 태울 수 있고, 목적지까지 도착하는 데 7일이 걸린다. 이 회사는 2025년에 지상에 케이블을 고정하는 지구 기지를 구축하고, 이후 25년 동안 공사에 매진해서 2050년에 우주 엘리베이터를 완성한다는 계획을 세워놓고 있다.

우주 엘리베이터가 공상에 그치지 않는 현실적 건축물이 될 수 있었던 데에는 탄소나노튜브의 덕분이다. 탄소나노튜브는 강철보다 100배가량 강하지만 무게는 6분의 1 수준인, 가볍고 인장력이 강하고 유연한 탄성을 자랑하는 차기 신소재이다. 현재의 기술로는 3㎝ 길이의 탄소나노튜브를 만드는 데 그치고 있지만, 2030년까지는 우주 엘리베이터를 제작하는데 필요한 기술을 확보할 수 있을 거라고 전문가들은 예측한다.

우주 관광은 우리에게 잊을 수 없는 추억을 선사한다. 우주 엘리베이터를 타고 정지인공위성이나 그 너머의 공간까지 올라갔다가 내려오면서 경치를 감상한다고 상상해 보라. 이게 꿈인지 생시인지 황홀하지 않을까? 2001년 2000만 달러를 내고 러시아 소유즈 우주선에서 민간인 최초의 우주관광을 한 미국인 데니스 티토는 "천국을 다녀온 기분이다."라는 소감을 남겼다.

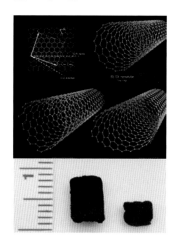

3차원 탄소나노튜브

우주 개발의 미래

우주 개발을 원활히 하려면 우주 공간 중간 중간에 휴게소처럼 머물 장소가 필요한데, 이 목적으로 세우는 것이 우주 정거장이다. 우주 정거장은 머무는 곳으로서의 기능만 하는 게 아니다. 일례로 우주선의 발사를 들 수 있다. 우주선 발사는 할 수만 있다면 우주 공간에서 하는 게 좋다. 지구에서 발사하면 지구 중력을 이기고 올라가야 하는데 막대한 연료와 비용이 드는 반면 우주 정거장에서 우주선을 조립해 발사하면 중력이 없는 우주 공간이어서 연료 걱정을 덜 수 있어 경제적으로 큰 도움이 된다.

물론 그렇다고 우주 정거장이 우주 개발의 끝일 수는 없다. 우주 정거장보다 큰 쉼터, 즉 우주도시가 필요하다. 우주 도시는 사람이 살기

지금까지 우주로 나간 민간인

1990년대 말, 러시아는 우주정거장 유지비를 벌기 위해 돈을 받고 소유스 우주선에 민간인을 태웠다. 2009년 우주정거장 상주 인원이 3명에서 6명으로 늘어나 우주관광이 잠정 중단되기까지 7명의 민간인이 우주에 다녀왔다. 그 동안 요금은 약 2000만 달러에서 4000만 달러까지 치솟았다.

2009

2009
찰스 시모니
3500만 달러

2009
가이 랄리베르테
4000만 달러

2008
리차드 게리엇
3000만 달러

2007
찰스 시모니
2500만 달러

2006
아누쉬 안사리
2000만 달러

2005
그레고리 올슨
2000만 달러

2002
마크 셔틀 워스
2000만 달러

2001
데니스 티토
2000만 달러

©동아사이언스

에 적당한 천체를 찾아서 그곳에 세워야 한다. 우주 도시에는 농장과 식당, 집과 병원 등 지구에서 이용할 수 있는 대부분의 시설을 갖출 것이다. 예를 들어 농장은 전과정이 컴퓨터화 돼 비료를 주고 온도나 습도를 조절하는 과정이 자동으로 이루어진다. 병충해가 없어서 농약을 쓸 필요가 없고, 10모작 이상의 경작도 가능해진다. 더불어 지구에서는 제조가 어렵거나 불가능한 금속과 약품을 생산할 수도 있다.

우주 도시를 세울 최적의 곳은 화성이다. 화성은 태양계 행성 중에서 지구와 환경이 가장 비슷한 곳이기 때문이다. 화성을 사람이 살기에 적당한 곳으로 만들려면 무엇보다 물이 필요하다. 동물이건 식물이건 물이 없으면 살 수가 없으니까. 그리고 물이 있어야 화성에 식물을 심어 산소를 만들어낼 수가 있다. 그런데 화성은 물이 거의 없는 것이나 마찬가지여서, 과학자들은 액화수소를 이용해 화성을 물이 넘치는 곳으로 만들려는 구상중이다. 화성을 제2의 지구로 변모시키려는 계획은 과학이슈 시즌2에 보다 상세히 설명해놓았으니 참고하기 바란다.

인류가 지금은 화성에조차 발자국을 남기지 못했지만 화성 정착이 우주 개발의 최종 목적일 수는 없다. 우주 개발 시대를 활짝 열기 위해서는 화성 너머로 날아가야 한다. 그러나 문제는 화성 너머로의 여행이 만만치 않다는 데 있다. 현재의 우주 기술로는 목성까지 가는 데만도 5~6년 남짓, 토성까지는 10여 년 남짓, 태양계의 맨 끝인 명왕성까지는 40여 년 남짓한 시간이 걸린다. 명왕성까지 한 번 갔다 오려면 평생이 걸릴 수도 있다는 얘기다. 이쯤 되면 한 평생을 우주선에서 보내야 하니 태양계 끝까지의 우주 개발은 그야말로 상상일 뿐인 것이다.

더구나 태양계는 우주의 전부가 아니다. 우주 전체로 놓고 보면 해변의 모래알 한 톨에나 미칠까 싶은 작디작은 존재다. 그렇게 커다란 우주 곳곳을 맛보며 우주 개발을 하려면 고도의 성능을 갖춘 우주선이 절실하다. 화성을 다녀오는 정도의 우주선으론 태양계 너머로의 우주 개발은 불가능한 것이다. 그래서 광속 우주선을 꿈꾼다. 그러면 우주 저 끝까지는 아니어도 태양계 바깥까지의 우주 개발은 실현될 수 있을 것이다.

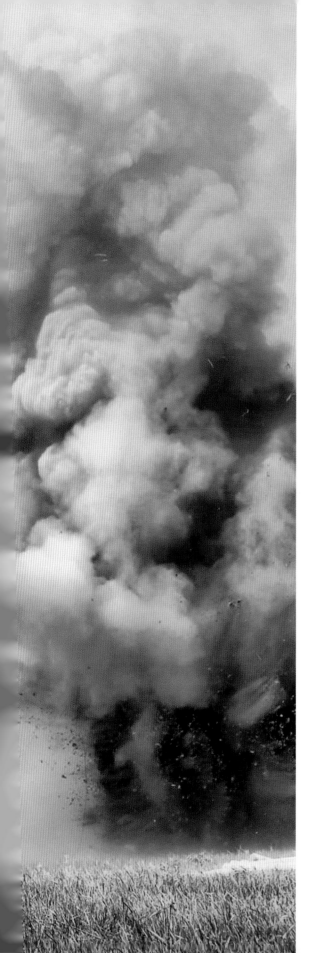

전쟁과
평화

김규태

고려대학교 과학기술학협동과정에서 '과학철학 및 과학사'를 전공해 석사학위를 받았으며, 동대학원 박사과정을 수료했다. 《전자신문》 취재기자로 입사해 《더사이언스》 편집장, 과학동아 부편집장을 맡았으며, 현재 디지털전략팀장으로 근무하고 있다. 지은 책으로는 『이공계 글쓰기달인』 등이 있다. 2011년 제1회 '정문술과학저널리즘상', 2012년 '올해의 송곡기자상'을 수상했다.

채승병

KAIST 물리학과에서 비선형동역학과 복잡성과학을 연구하였으며, 통계물리학 연구방법론을 금융시장에 적용한 경제물리학으로 박사학위를 받았다. 2011년부터 빅데이터 분야의 정책연구 및 현장의 각종 분석과제에 매진하고 있다. 저서로는 『빅데이터, 경영을 바꾸다』, 『변신력, 살아남을 기업의 비밀』, 『이머전트 코퍼레이션』, 『복잡계개론』 등이 있다.

인류가 전쟁을
멈출 수 있는 방법은?

역사책을 뒤져보면 가장 흔하게 접할 수 있는 것이 바로 전쟁과 왕에 관한 이야기다. 개인간의 싸움은 물론 가족 또는 가문간의 다툼, 부족 간의 전쟁, 국가 간의 전쟁 등 이루 헤아릴 수 없을 정도로 많은 이야기가 나온다. 삼국지, 열국지 등 중국의 내로라하는 문학도 전쟁의 이야기며, 그리스와 인도의 문명을 얘기하면서도 전쟁 영웅을 빼놓을 수 없다.

사실 따지고 보면 인간이 자연을 응대하면서 하루하루 살아가는 과정 모두가 전쟁이었다. 외부의 동물, 사람들로부터 자신을 지키려는 시도가 어쩌면 전쟁의 시작이었을지 모른다. 나를 지키기 위해, 배고픔을 해결하기 위해 남들과 싸움을 시작했고, 언젠가부터 좀 더 편하게 살아가기 위해서 전쟁을 벌였으리라. 그리고 더 지나서는 단지 자존심 때문에 국가 간의 전쟁도 벌어졌으며, 더러는 실수로 큰 전쟁이 일어나기도 했다.

맨 주먹만으로 전쟁에 나갈 수는 없다. 효과적으로 싸우기 위해 무기를 개발했고, 지형과 기후를 분석해 전술 전략을 개발했다. 오랜 시간 동안 경험이 축적되면서 무기들이 발달했고, 이 무기를 개발하는 방법이 결국 과학 또는 기술이라는 이름으로 현재 우리에게 전해져 오고 있다. 현대에도 이 같은 경향이 이어지면서, 국방 과학에 어마어마한 예산이 투자된다.

인류의 역사에서 전쟁을 빼놓을 수 없기는 하지만, 앞으로 만들어 갈 미래에도 과연 전쟁사가 핵심을 차지할 수 있을까? 수많은 인류의 지성이 인류의 평화를 위해 고민을 해왔다. 교육과 제도를 통해 조금 더 나은 삶을 살 수 있도록 노력해왔다. 반기문 사무총장이 재직하는 국제연합(UN)이 활발하게 활동을 하고, 평화 유지를 위해 우리나라 군대도 중동 등으로 파견되기도 했다. 그렇지만 여전히 뉴스의 헤드라인은 '세계의 화약고 중동' '북한의 핵개발' '아프리카 내전' 등이 언제나 톱뉴스를 차지하고 있다. 정말로 인간은 전쟁을 멈출 수 없는 것일까? 언제까지 소위 문명인끼리 살육을 하는 시대를 이어가야 하는 것일까?

전쟁의 역사

인류의 역사에서 전쟁은 크게 '원시 전쟁', '고대 전쟁', '근대 기술 전쟁'으로 구분한다. 원시 전쟁이란 말 그대로 인류가 원시 문명을 형성해 살기 시작한 약 50만 년 전부터 1만 년 전까지 시대에 벌어진 집단 간의 싸움을 말한다.

원시 시대에는 인구밀도가 낮아, 타 부족과 다투는 일이 적었을 것이라는 의견이 많다. 동물적 기질에서 벗어나기 시작한 인간이 자신의 기본적인 욕구 충족만 되면, 구태여 전쟁으로 희생을 할 필요가 없었다는 추론에서다.

그런데 최근에는 원시 시대가 생각만큼 평화롭지 않았을 것이라는 의견이 대두하고 있다. 근대 철학자가 '사회'를 설명하기 위해 제시한 '만인과 만인의 투쟁'에 가까웠을 것이라는 견해가 힘을 얻는 것이다. 『원시 전쟁』의 저자인 로렌스 H. 킬리는 자신의 저서에서 고고학의 자료를 근거로 대며 선사 유적에서 무수히 많은 전쟁의 기록을 찾아 볼 수 있다고 전한다. 유적에서는 돌화살 촉, 함몰된 두개골이 자주 발견된다는 것이다. 킬리에 따르면 원시 전쟁의 원인 중 하나가 상대의 영토를 확보하는 것이었다. 그리고 승리한 부족이 자비를 베풀 때 평화가 존재할 수 있었다고 주장한다.

원시 전쟁은 무기 자체가 돌, 나무 등을 가공해 만든 것으로 고대의 전쟁에 비해서 그렇게 치명적이지는 않았을 것으로 본다. 직접적인 살육은 했을지라도, 대규모 살상으로 이어지지는 않았을 것으로 추정할 수 있다. 원시 전쟁은 먼 거리에 떨어져 살던 부족 간의 문화 및 기술 교류를 촉발했을 것으로 보고 있다.

원시 전쟁과 고대 전쟁을 가르는 기준은 문명 형성 이전과 이후로 크게 나뉜다. 나일 강, 유프라테스 강, 인더스 강, 황하 유역 등에 발달한 문명 형성 시기부터 근대 전쟁 이전까지로 보며, 문자 등으로 기록이 남아있다는 점에서 원시 전쟁과 구분된다. 고대 전쟁은 직·간접적으로 현대에까지 영향을 미쳤다. 동서양을 막론하고 고대 전쟁은 청동기 무기와 철기 무기를 근간으로 싸웠으며, 군대를 체계적으로 운영하는 등 흔히 볼 수 있던 모습의 전쟁이었을 것으로 추정된다. 예를 들어 기원전 850~800년경 호메로스가 쓴 서사시 「일리아드」와 「오디세이」에 나오는 '트로이 전쟁'에서 그리스군의 병력이 2만 5000명, 트로이 요새에 약 3000명의 수비대가 있는 등 규모가 있는 전쟁이 벌어졌다. 이 전쟁에 참여한 '아킬레우스'와 '트로이의 목마'는 현재까지도 많은 이야기를 제공하고 있다.

현재 서양의 판세에 영향을 미친 기원전 480년의 살라미스 해전도 빼놓을 수 없다. 아테네는 페르시아와 오랫동안 전쟁을 해왔지만, 이 전쟁에서 아테네가 승리한 후 페르시아는 지중해를 오랫동안 넘보지 못했다. 이로 인해 아테네가 지중해 패권을 오랜 기간 차지하면서 현재 서양 문명에 영향을 미쳤다. 이외에도 로마시대의 다양한 전쟁 이야기들

전쟁과 평화

이 현재 서양의 역사와 긴밀하게 연결돼 있다.

동양에서도 마찬가지다. 춘추전국시대의 각종 전쟁은 공자와 맹자라는 사상을 형성하는 데 절대적인 영향을 미쳤다. 이미 이 시대에 손자라는 걸출한 병법 전술가는『손자병법』을 저술해 현재 군대에도 이어지고 있다. 그리고 '장기' '바둑' 등 인류 초기의 보드 게임에 영향을 미친 초한 전쟁, 삼국지의 명장면인 '적벽대전', 고구려와 수나라의 '살수대첩' 등 현재에 영향을 주는 무수히 많은 전쟁이 기록으로 남아 있다. 이 당시 전쟁을 통해 국가나 부족들은 상대를 제압하고 노예라는 노동력과 막대한 전리품, 무역 경로를 확보하는 등 전쟁 자체가 큰 수익을 주는 수단이었다. 따라서 국부는 전쟁의 능력과 직결됐다.

고대 전쟁과 근대 전쟁은 주로 '기술'의 여부에 따라 구분한다. 대체로 칼과 창, 병법 위주의 전쟁에서 화약과 총포가 등장하는 14세기부터 최근까지를 말한다. 근대 기술전쟁의 초기 시대에는 주로 화기를 사용한 직업군인이 등장해 전쟁이 '전문화'됐다. 이후 17세기 무렵에는 대포를 갖춘 군함이 등장했고, 먼 지역까지 군대를 이동해서 전쟁을 할 수 있는 해상전술도 발달했다. 특히 17세기 이후에는 프랑스 등에서 징병제를 도입하는 등 전쟁이 전선에서만 벌어지는 것이 아니라 국가 전체의 힘을 총동원해서 싸우는 체제로 변하기 시작했다. 게다가 산업혁명으로 새로운 교통수단이 등장하고, 생산력이 증대하면서 전쟁은 급속도로 기술의 발전과 맥을 같이하게 된다.

이후 두 차례의 세계대전을 겪으면서 인류의 전쟁 기술은 대량 살상, 전국을 전쟁으로 끌어들이는 총력전의 시대를 맞게 됐다.

1차 세계대전의 발발

근대 기술전쟁의 역사에서 '세계대전'은 다른 맥락으로 볼 수 있다. 1914년 1차 세계대전은 전쟁의 전방과 후방이 없어지고 전 국민이 총력을 기울여야 했던 20세기 첫 번째 글로벌 전쟁이었다. 이후 제2차 세계대전에 이르면 인류 전체의 파멸까지 가능한 핵무기를 개발하는 등 전쟁의 강도는 계속 올라갔다.

　보통 1차 세계대전 발발의 결정적인 계기는 1914년 6월 28일 유럽 보스니아의 도시 사라예보에서 벌어진 세르비아계 청년 가브릴로 프린치프의 오스트리아 제국 프란츠 황태자 암살사건을 꼽는다. 이후 오스트리아가 세르비아에 선전포고를 했고, 그러자 세르비아의 후견국 러시아가 오스트리아를 상대로 전쟁을 선포했으며, 다시 독일이 러시아와 러시아의 동맹인 프랑스에 전쟁을 선포하면서 세계 각국이 전쟁에 휘말려 들어갔다는 것이다.

　하지만 이들 주요 강대국이 참전을 선언한 것은 암살사건 이후 한 달이 지난 7월 28일~8월 1일이다. 그렇다면 전쟁은 단순히 사라예보의 총성 때문에 일어난 것이 아니라, 연관된 사건들이 도미노처럼 꼬리에 꼬리를 물면서 주체할 수 없이 확산된 것은 아닐까.

　당시 전쟁 발발을 살펴보려면 유럽의 연대감 약화, 적대적 동맹 관

1차 세계대전 상황지도
연합국
동맹국
중립국

동부전선
서부전선
1914년 6월 28일
사라예보 사건

©동아사이언스

계, 교통과 통신의 불균등한 발달 등을 염두에 둬
야 한다고 전문가들은 말한다. 과거 유럽에서는
친인척관계로 엮인 각국 왕실들이 외교의 중요한 역할을 해왔다. 그런데
1차 세계대전 발발 이전에는 유럽에 의회 민주주의가 확산되면서 왕권이
크게 약화된 상태였다. 유럽의 왕실들은 전쟁이 일어나면 자신들의 체제
가 무너질 수 있기 때문에 전쟁에 두려움을 갖고 있었지만, 연대감도 실
권도 약화된 왕실들은 이러한 외교적 조정에 실패했다.

또한 19세기 유럽은 통일 독일의 등장으로 정치 지형이 크게 바뀌
고 있었다. 초대 수상 비스마르크는 무리한 전쟁을 피하는 외교 정책을
폈지만, 그가 퇴임한 후 빌헬름 2세가 팽창정책을 시작하면서 프랑스, 영
국, 러시아를 모두 적으로 돌리고 말았다. 이에 프랑스, 영국, 러시아는
1907년 '삼국협상'을 맺어 독일을 견제했으며, 반대로 독일도 오스트리아
등 대항세력과 동맹을 맺었다. 이에 따라 두 동맹 일부에서 갈등이 시작
되면, 각 동맹 소속국간의 긴장이 빠르게 고조되기가 쉬웠다.

이런 상황에서 유럽 각국이 구축한 전시동원체제는 각국의 태도를
더욱 완고하게 만들었다. 당시 유럽 주요국은 국민개병제를 채택해
1914년 당시 독일은 500만 명, 프랑스는 400만 명의 병력을 동원할
수 있었다. 당시에는 적국보다 빨리 전선에 군인과 무기를 투입하는
것이 승패에 결정적인 역할을 했다. 문제는 당시에는 철도가 주요 교통
수단이었는데, 한번 동원계획이 돌아간 뒤에 이를 되돌리려면 매우
복잡한 절차를 거쳐야 했다. 컴퓨터도 없던 당시에 시간표를 바꿔 기차로
배치된 군대를 되돌리려면 몇 달이 걸렸다고 한다. 결국 작은 사태라도
발생하면 한 번 쏴버린 화살처럼 되돌리기 어려운 상황이었다.

마침내 1914년 7월 25일. 세르비아 정부가 오스트리아 정부의 요구
를 들어주기 직전 러시아가 전쟁 준비령을 발령했다는 소식이 들어왔다.
영토가 큰 러시아는 동원 속도를 높이기 위해 미리 부분 동원조치를 내렸
다. 이에 세르비야는 오스트리아의 요구를 거절했고, 독일 역시 러시아
에 자극받아 총동원령을 내렸다. 러시아 역시 총동원령을 내렸다. 전쟁

전쟁과 과학의 끈끈한 관계

전쟁을 말할 때 과학기술을 빼놓을 수 없다. 반대로 과학기술을
논할 때 전쟁 얘기를 건너뛸 수 없다. 전쟁과 과학기술은 서로의
필요에 의해, 필요할 때마다 서로를 동원했다. 살상무기에 쓰였던
똑같은 과학기술이 인류 복지에 기여를 할 때도 있으니 역설적이다.
과학기술은 앞으로 전쟁을 막는 데만 기여할 수 있을까?

외과의술의 발달
- 응급처치
- 살균 소독

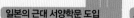

해양, 기상, 지구과학
생물의학
화학
물리
공학

©동아사이언스

물류 체계의 혁신
라부아지에가 실험실
방법을 군대에 적용

열역학의 발전
카르노가 대포를
계기로 열이론 제시

일본의 근대 서양학문 도입
- 축성술

토목공학의 등장
보방의 성형요새

근대 토목공학
토목공학의 아버지 쿨롱

16세기　　**17세기**　　**18세기**

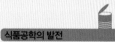

식품공학의 발전
- 통조림
- 비타민

기상학의 혁신
해류지도

화학공학의 발전
- 화약 제조기술의 발전
- 미국 듀폰사의 설립

간호학
나이팅게일의 활약

역학의 발달
- 코리올리효과
- 공기의 저항

수학 교육
웨스트포인트의 수학 교과서

탱크의 출현

비용—효과 분석의 탄생
에콜폴리테크닉 출신
엘리트의 활약

조선공학
증기선 활용

신무기의 등장
- 기관총
- 철조망

철도
군대 동원에 도입

통신
전쟁에서 전신 활용

철도
군대 동원에 활용

19세기

크림전쟁

프로이센–오스트리아 전쟁

해양학 발전
잠수함에 대응하기
위한 기술 발달

질병연구
미국 CDC의
풍토병 연구

암모니아 개발
프리츠 하버의 질소고정법
독가스 활용

GPS 기술
군사용 위치추적
장치에서 출발

제어기술의 발달
정확한 포탄 투하 기술 개발

항생제 연구
페니실린 대량 생산

사이버네틱스
로봇 기술의 발전

조선기술
선박 용접 기술 개발

핵폭탄과 물리학
맨해튼 프로젝트

HCI 연구
마우스, 터치패드

조선공학의 발달
전함의 등장
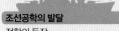

경영학과 산업공학
포드의 대량 생산 시스템
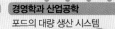

지구과학의 성립
전리층 연구
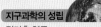

로켓기술
대륙간탄도탄(ICBM)

항공
항공역학의 아버지 프란틀

암호 해독
튜링의 봄베

통계 및 통계물리
OR(작전연구)

인터넷의 탄생
군용 알파넷에서 출발

무선통신의 발달
RCA의 탄생

컴퓨터공학의 발전과 핵폭탄
● 애니악 개발팀을 지원
● 수소폭탄 모의실험에 활용
● 암호해독용 컴퓨터

선형가속기 개발
레이더 연구

재료공학
미사일 연구

20세기

1차 세계대전

2차 세계대전

냉전시대

베를린장벽

을 멈추려는 시도가 있었지만, 한 번 발동된 작전계획을 중간에 물리면 패배한다는 강경파의 의견이 득세를 했다. 이로 인해 전 세계는 어이 없게도 거대한 전화 속으로 휘말려가고야 말았다.

1914년 7월 25일. 세르비아 정부가 오스트리아 정부의 요구를 들어주기 직전 러시아가 전쟁 준비령을 발령했다는 소식이 들어왔다. 영토가 큰 러시아는 동원 속도를 높이기 위해 미리 부분 동원조치를 내렸다. 이에 세르비아는 오스트리아의 요구를 거절했고, 독일 역시 러시아에 자극받아 총동원령을 내렸다. 러시아 역시 총동원령을 내렸다. 전쟁을 멈추려는 시도가 있었지만, 군사를 현재 상황에서 물리면 진다는 강경파의 의견이 득세를 하게 되면서 동맹국간의 세계대전으로 확산된 것이다.

전쟁과 평화

1914년 미국 신문 '브루클린 이글'에 실린 만화. 동맹관계가 연쇄적인 개입을 불러왔음을 풍자하고 있다.

현대 전쟁과 무기의 발달

　　과학과 전쟁의 관계를 말할 때 가장 흥미로운 대상은 늘 신무기다. 과학 연구가 발달하기 위해서는 인력과 자원을 꾸준히 투입해야 하는데 전쟁은 이익과 손해를 따지지 않고도 그것을 가능하게 했기 때문이다. 특히 전쟁과 과학의 관계가 근본적으로 바뀌게 된 변곡점은 1차 세계대전이다.

　　1차 세계대전 전까지는 군대가 신기술 채용에 언제나 적극적이었던 것은 아니다. 탄약과 화약이 일체화된 총알을 총 뒷부분에 장전하는 방식인 후장식 소총은 1820년대 처음 등장했지만, 본격적으로 전쟁에 활용된 것은 40여 년이 지난 프로이센-오스트리아 전쟁이다.

　　1차 세계대전에서 가장 큰 영향을 미쳤던 것은 전쟁 직전 독일의 프리츠 하버가 개발한 암모니아 인공합성법이다. 암모니아는 화약, 비료, 독가스를 만들 수 있는 원료다. 영국의 유대계 화학자 카임 와이즈만도 무연화약 제조에 필요한 아세톤을 대량생산 할 수 있는 발효공정을 완성했다. 과학 연구가 개별 신병기를 뛰어넘어 국가의 전쟁수행능력을 직접 늘려 버린 것이다. 과학기술의 결과물이 전쟁의 성패에 영향을 미쳤으며, 1차 세계대전에는 탱크, 비행기 등이 새롭게 등장했다.

　　2차 세계대전으로 과학 연구와 전쟁은 새로운 시대로 접어든다. 원자폭탄을 제작한 '맨해튼 프로젝트'가 대표적이다. 맨해튼 프로젝트는 성패가 불분명한 원자폭탄 개발을 위해, 과학자를 격리된 장소에 모아 기초연구부터 하게 했다는 점에서 기존과는 다르다. 2차 세계대전 때 형성된 과학 연구와 전쟁의 관계는 6·25 한국전쟁을 계기로 수정된다. 전쟁이 벌어진 뒤에 군사연구를 하는 것은 이미 늦기 때문이다. 미국은 평상시에도 대학에서 군사연

1945년 8월 6일 일본 히로시마에 투하된 최초의 핵무기 '리틀 보이'. 핵폭탄 개발을 위해 많은 과학자들이 '맨해튼 프로젝트'라는 이름으로 조직적으로 동원됐다.

구를 하도록 했다. 미국과 소련의 냉전 역시 기존 학문을 변화시키고, 새로운 학문 분야를 낳았다.

전쟁을 멈출 3가지 방법

뉴스에서는 아직도 전쟁 뉴스가 많지만 다행히도 20세기 후반에 들어 전쟁이 줄어들고 있다. 캐나다 브리티시 컬럼비아대학교 인류안보센터가 발간한 「인류안보보고서」에 따르면, 이른바 강대국 간의 전쟁은 2차 세계대전 이후 없었으며 최근 몇 백 년 동안 가장 평화로운 기간이었다. 2차 세계대전 이후에는 식민지에서 벗어나기 위한 독립 전쟁, 국가 간 소규모 영토 분쟁, 종교 분쟁이 있었지만, 1990년대 이후에는 역시 크게 줄어들었다. 보고서는 1992년부터 2005년까지 13년간 무력분쟁이 40% 줄었고, 사망자 역시 80%나 감소했다고 지적했다.

센터는 "1980년 초반부터 당시 국제 전쟁의 60~100%를 차지했던 식민지 독립 전쟁이 거의 끝났고, 1990년대 들어 냉전이 종식되면서 관련된 무력 분쟁이 줄었다"고 분석했다. 센터는 이 같은 갈등 요소가 줄어든 것과 함께 세계의 민주화 바람, 무역의 증대, 국제기구 활동으로 평화 체제가 자리를 잡아가고 있다고 설명했다. 전갈의 독침 같은 인간의 전쟁 본능이 정말로 꼬리를 내리는 것일까? 이에 대해 과학은 전쟁이 감소한 3가지 이유가 있다고 말한다.

호혜성

역사적으로도 전쟁과 침탈을 일삼으며 주변국에 공포감을 심어주는 민족과 국가가 종종 있었다. 성경 민수기를 보면 모세가 1만 2000명의 군대를 구성해 이스라엘 자손의 원수인 미디안을 공격한 뒤, 처녀를 제외하고 남자와 유부녀를 모두 죽이고 재물을 탈취하는 장면이 나온다. 당시만 해도 부족 간 잔인한 전쟁이 흔한 일이었음을 알 수 있다. 이런 장면은 고대의 벽화나 유적지의 유골 무덤 등에서도 쉽게 찾아볼 수 있다. 심리학자인 하버드대학교 스티븐 핑커 교수는 "중세는 범인을 처형하는 것이 일종의 오락으로 자리 잡았을 정도로 잔인성이 만연한 사회"라고 설명했다.

박승배 UNIST 교수는 2013년 발표한 「사이코패스에 대한 진화론적 설명」에서 "생활환경이 열악했던 과거에는 잔인하고 호전적인 인간이 생존해 자손을 낳을 확률이 컸고, 결국 호전적인 유전자가 현재까지 이어온 것"이라고 해석했다. 고대 사회에는 호전적인 성격이 유순한 것보다 생존에 유리했다. 구석기 시대에는 과일, 물, 가축 등을 확보하거나 재난을 피해 여기저기 이동하면서 생활했다. 이동을 하다보면 다른 부족과 충돌은 불가피했고 결국 싸움을 벌여야 했다. 이때 호전적인 사람과 민족이 다른 부족을 제압하고 식량 등을 구하는 데 유리했다. 호전적인 사람들은 살인, 폭력에 대해서 죄책감을 덜 느끼며, 부족 내에서 지도자 자리를 차지하는 일도 많았다. 박 교수는 "인류의 조상은 현재보다 훨씬 잔인했다"고 말했다.

이러한 호전성과 잔인성이 현대에 들어 꽤 줄어든 것으로 학자들은 보고 있다. 핑커 교수는 『우리 본성의 더 나은 천사들: 왜 폭력은 감소했는가』라는 저서에서 "고대 시대에 사람이 살해당한 비율이 15%였지만, 20세기에는 3%로 줄었다"며 "현재가 아마도 역사상 가장 평화로운 시대일 것"이라고 말했다. 영국 케임브리지대학교 범죄학연구소의 마누엘 아이스너 교수도 현대 유럽의 범죄 비율이 중세의 10%에 불과하다고 분석한 바 있다.

이는 정부가 발달한 근현대 사회에서 잔인성과 호전성이 발붙일 여지가 점점 줄어들고 있기 때문이다. 근대 정부가 출현하면서 공권력만이 합법적으로 폭력을 휘두를 수 있게 됐고, 개인, 부족 간 폭력은 정부가 형벌로 다스리면서 잔인성을 동반한 폭력은 점차 줄어들었다.

반면 서로 도와 공동의 이익을 추구하려는 호혜성이 증가했다. 핑커 교수는 현대 사회가 과거에 비해 생명을 존중하는 문화를 발전시키고 있다고 주장했다. 과학기술과 의학의 발달로 인간의 수명이 늘어난

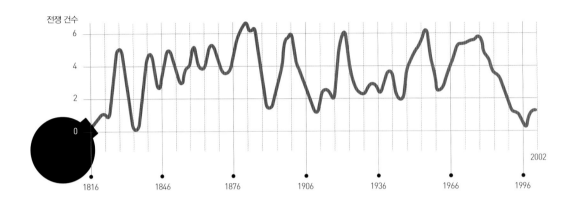

국제전쟁 발발 건수

1990년대 냉전이 끝난 이후 전쟁의
빈도가 급격히 낮아졌다.

전쟁 건수

것이 가장 큰 이유다. 황상익 서울대 의대 교수는 2013년 12월 26일 열린 다산포럼에서 조선시대 사람들의 평균수명을 35세 내외, 혹은 그 이하로 추정했으며 영아사망율도 높았다고 보고했다. 이는 일상생활에서 가족 등 가까운 사람의 죽음을 흔히 접할 수 있었다는 얘기다. 이처럼 죽음이 일상화됐던 고대나 중세 시대에는 개인의 생명 가치가 그리 높지 못했다.

핑커 교수는 "현대 사회에서 수명이 늘고, 과학기술이 발달하면서 즐길 것이 늘어나 '삶은 살만한 것'이라는 인식이 확산됐다"며 "생명에 대한 존중 의식이 퍼지게 된 것"이라고 말했다. 특히 인터넷, 방송 등 정보통신미디어 기술이 발달해 세계가 좁아지면서 다른 대륙의 국가, 다른 민족에 대한 존중이 커졌다. 생명윤리학자인 미국 프린스턴대학교 피터 싱어 교수도 현대사회에서 인간의 공감능력이 동심원처럼 확산되고 있다고 분석했다. 그는 "인간의 공감능력이 친척, 마을, 부족, 국가, 다른 민족, 다른 성별로 확산됐고, 앞으로 이를 동물까지 넓혀야 한다"고 주장했다.

전쟁과 평화

경제 교류

경제가 발전하고 교역을 통해 얻는 것이 커지면서 국제 교류가 생겼다. 대표적인 것이 실크로드다. 경제 교류는 전쟁의 원인이 되기도 했지만 전쟁을 막는 방패 역할도 해왔다. 흔히 경제적으로 긴밀히 연결될수록 전쟁은 줄어들 것으로 추측하는데 정말 그럴까? 과학적인 방법으로 이를 증명한 연구가 있다.

민병원 이화여자대학교 정치학과 교수는 「경제적 상호의존성과 전쟁」이라는 2006년 논문에서 경제적으로 서로 의존하고 있는 국가들의 전쟁 확률을 컴퓨터로 시뮬레이션했다. 분석 결과, 경제적으로 상호의존성이 높을수록 전쟁을 선택할 확률은 대체로 줄어들었다. 민 교수는 "교역이 일정 규모를 넘어서야 경제와 평화가 비례한다"며 "애매한 수준의 경제적 상호의존성은 오히려 전쟁의 가능성을 높일 수도 있다"고 분석했다. 평화를 유지하려면 경제적으로 매우 복잡하게 의존해야 한다는 얘기다.

실제 역사에서 현대 경제의 발달과 전쟁 발발을 조사해 봐도 유사하다. 무역량이 증가하던 17~18세기에는 제국주의 바람이 거셌고 유럽, 아프리카, 미국에서 크고 작은 전쟁이 잦았다. 그러나 이제는 세계 각국이 다양한 방식으로 엮여 있어 전쟁의 가능성이 줄어들고 있다. 2012년 세계 교역량은 약 45조 달러(약 4경 7600조 원)로 2000년보다 3배 커졌다. 100년 전과 비교하는 것은 너무 차이가 커서 무의미하다. 물자의 교류뿐 아니라 컴퓨터와 네트워크로 복잡하게 엮인 금융망을 통해 '보이지 않는 돈'이 오가고 있다. 2013년 기준으로 하루에 5조 3000억 달러(5600조원) 규모다. 이제는 전쟁으로 얻는 전리품보다 전쟁으로 경제 네트워크가 붕괴하면서 잃는 것이 압도적으로 많아졌다. 그렇다면 전쟁보다 교역과 평화를 선택하는 것이 훨씬 경제적이다.

견제

　전쟁을 줄이기 위해서는 군비를 축소해야 한다. 그러나 예상과 달리 서로 견제할 수 있는 강한 무기가 생기면서 전쟁이 줄었다는 해석도 있다. 게임이론가들은 상대국에 대한 승산이 압도적으로 높지 않다면, 공격을 단행하기 어렵다고 말한다. 1990년 이후 국지전이 줄어든 것도 같은 맥락으로 설명할 수 있다. 일부 강대국을 제외하고는 군사력이 대동소이하다. 군사력이 압도적으로 우세하지 않다면 공격을 하기 쉽지 않다. 또 대다수의 국가들이 미국, 러시아, 중국, EU 등 강대국의 동맹국이어서 공격이 성공해도 동맹국의 반격을 당한다.

　이런 이유로 요즘은 상대국의 무모한 도발을 막기 위해 '보복 공격 능력이 있음'을 보여주려고 노력한다. 주기적으로 군사 훈련을 하거나 강대국과 동맹을 맺어 앞선 공식에서 부등식이 성립하지 않도록, 즉 상대가 선제공격하면 그 이상의 피해를 볼 수 있다는 것을 일깨워주는 것이다. 걸프전 때 이라크가 쿠웨이트를 침공했지만, 미국의 반격을 받아 도리어 큰 피해를 받은 점, 오사마 빈 라덴이 9·11 테러를 일으켰다가 미국의 보복으로 사망한 점 등은 어설픈 선제공격이 응징을 당한 사례다. 이처럼 게임이론에 따르면 상대의 능력을 완전히 뛰어 넘지 않는다면 피해가 큰 보복을 당하기 때문에, 서로가 견제하면서 공포를 줄 뿐 실제 공격으로 이어지는 일은 줄어든다.

　핵 억지력도 비슷한 개념이다. 게임이론으로 2005년 노벨경제학상을 받은 미국 메릴랜드대 토머스 셸링 교수는 "핵무기는 다른 무기와는 질적으로 다르며 핵무기와 관련해서 세계 강국에는 핵폭탄을 보유할 뿐 사용하지 않는다고 기대하는 전통이 있다"고 분석했다. 즉, 한 방에 모두를 불태울 수 있어, 핵보유국에는 함부로 전쟁을 도발하지 못한다. 이 때문에 약소국도 적의 침략을 억지하기 위해 핵무기를 개발하고 있는 것이다.

그러나 파국은 다시 올 수 있다

미래에는 결국 전쟁이 없어질 수 있을까? 아쉽게도 현재의 질서를 한 번에 무너뜨릴 수 있는 변화가 온다면 인류는 다시 원시 상태로 돌아갈 수 있다. 민병원 교수는 자신의 논문 「전쟁의 규모와 빈도」에서 "규모 7 이상의 대형 지진에 비유할 수 있는 1차 및 2차 세계대전 역시 예외적인 현상이라기보다 일반 법칙을 따르고 있다"며 "앞으로 강도 8 이상의 전쟁이 일어나지 않을 것이라고 장담하기 어렵다"고 설명했다.

동국대 이관수 교수는 "급격한 기후변화 등으로 식량난 등이 온다면 국가 간 전쟁은 다시 많아질 것"이라며 "식량이 부족하고 체제가 불안한 아프리카 등에서 아직도 학살이 발생하는 것을 보면 알 수 있다"고 말했다. 인류가 만들어 놓은 평화 체계는 아직 허술한 얼개일 뿐이다. 인류가 전쟁을 멈추려면 통신, 교통, 경제 관계를 발달시켜 인류 모두가 동질감을 갖도록 하며, 과학과 같은 합리적 지식을 공유함으로써 세계의 민주의식을 높여야 할 것으로 보인다.

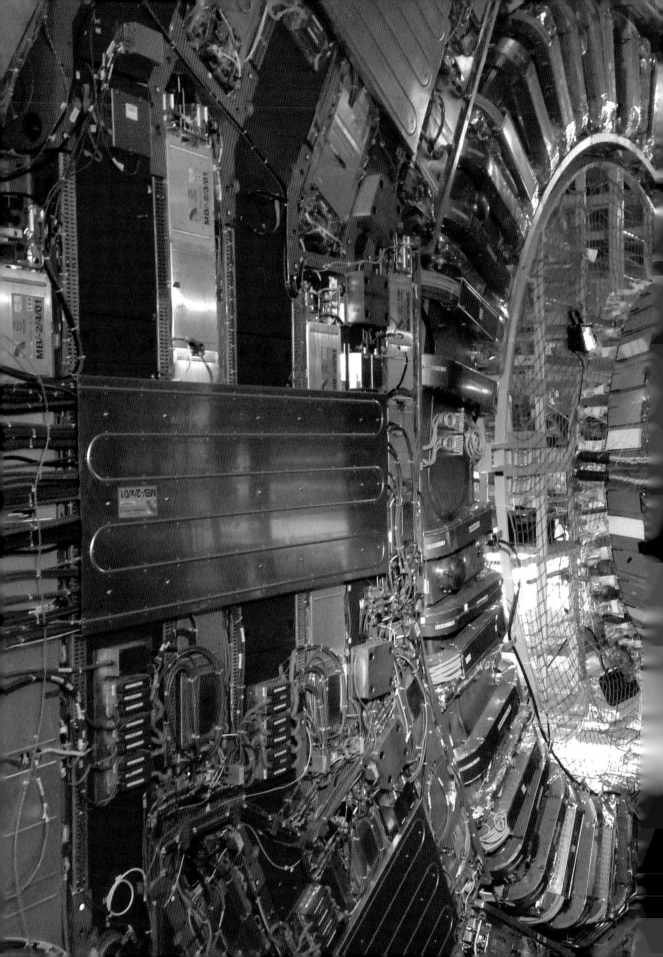

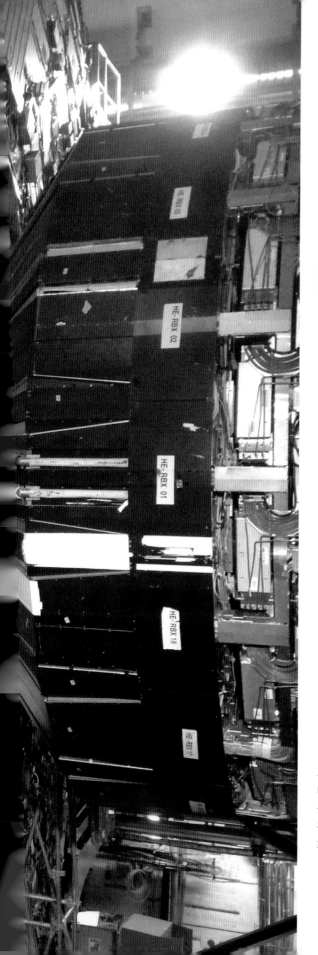

입자
물리학

이강영

서울대학교 물리학과를 졸업하고 KAIST에서 입자 물리학을 공부했다. KAIST, 고려대학교, 건국대학교에서 연구 교수를 지냈고, 현재 경상대학교 물리교육과 교수로 재직하고 있다. 『LHC 현대물리학의 최전선』으로 2011년 한국 출판문화상을 받았다. 그 밖의 저서로는 『보이지 않는 세계』, 『파이온에서 힉스 입자까지』가 있다.

물질을 이루는
궁극의 입자는 무엇일까?

피터 힉스(위)와 프랑수아 앙
글레르(아래).

많은 사람들이 예상한 대로 2013년의 노벨 물리학상은 힉스 메커니즘을 만들어낸 피터 힉스와 프랑수아 앙글레르에게 돌아갔다. 힉스 보손이 발견됨에 따라 입자물리학의 표준 모형은 이론 전체가 거의 다 검증되었다. 모든 입자가 발견되었고 거의 모든 결합 상수가 측정되었다. 아직 직접 측정되지 않은 것은 힉스 보손의 자기 결합 상수를 비롯한 몇 가지 결합 상수뿐인데, 그것도 여러 간접적인 정황을 보면 그리 크게 차이가 나지 않아 보인다. 이제 입자물리학은 그 소임을 다한 것일까? 우리는 마침내 물질의 궁극을 발견한 것일까? 이 방정식이 물리학의 최종 방정식일까?

역시 아무래도 그렇게는 여겨지지 않는다. 그리고 사실 그렇지 않다. 아직 우리는 갈 길이 남아 있다는 것을, 그것도 끝이 보이지 않을 만큼 남아 있다는 것을 안다. 그 갈 길이 대체 무언지, 그리고 바로 지금, 물질의 궁극을 향하는 여정에서 우리는 어디쯤 가고 있는지, 21세기에 우리는 어디까지 갈 수 있을 것인지를 생각해 보도록 하자.

가속기의 미래 : LHC, ILC, 그리고 그 다음은?

본격적인 데이터를 내놓은 지 불과 3년 만에 힉스 보손을 발견하는 개가를 올린, 지상 최대의 가속기 LHC는 2012년까지 실험을 마친 후, 기계를 업그레이드하기 위해 현재까지 약 2년 간 가동을 멈추고 있다. 최근 들리는 소식으로는 모든 준비가 순조롭게 진행되어 예정대로 2015년 올해에 다시 스위치를 올릴 모양이다. 이번에 가동되면 처음 설계된 대로의 성능을 완전히 발휘해서 14TeV의 충돌 에너지에 도달하는 것을 최종적인 목표로 할 것이다. 우선 첫 해에는 충돌 에너지 10TeV를 얻는 것을 목표로 삼는다고 한다. 지난 2012년 실험에서는 충돌에너지가 8TeV였으므로, LHC는 곧바로 새로운 세계를 탐사하게 되는 것이다.

여기서 가속기 실험이 무엇인지에 대해 간단하게 짚어보고 가기로 하자. 가속기는 말 그대로 입자를 가속시키는 장치다. 가속된 입자는 매우 빠른 속력으로 날아가면서 커다란 운동 에너지를 가진다. 이렇게 커다란 운동 에너지를 가진 입자와 입자가 충돌하면, 매우 높은 에너지 상태가 되고, 그 순간 그렇게 높은 에너지에서만 일어나는 현상들이 벌어지게 된다. 즉 가속기는 높은 에너지 상태를 만드는 장치다. 이때 빠른 속도의 입자를 멈춰 있는 표적에 충

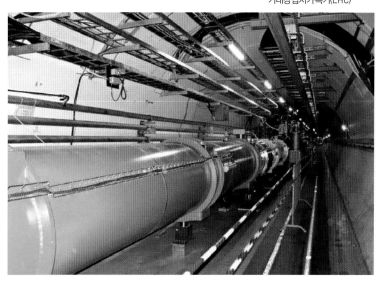

유럽입자물리학연구소 (CERN)의 거대강입자가속기(LHC)

돌시키면 입자의 운동 에너지의 일부만 충돌 에너지가 되고 상당 부분은 멈춰 있던 표적이 튕겨나가는데 들어가게 된다. 그러나 입자끼리 정면으로 충돌시키면 입자의 운동 에너지가 고스란히 충돌 에너지로 전환되어 훨씬 높은 효율을 얻을 수 있다. 이와 같은 가속기를 충돌장치(collider)라고 한다. LHC의 C가 바로 충돌장치를 의미한다. 따라서 현재의 고에너지 가속기는 모두 충돌 장치이다.

그러면 높은 에너지 상태를 만드는 일은 어떤 의미가 있는가? 간단하게 말하자면 $E=mc^2$에 의해서, 에너지가 높을수록 더 큰 질량의 입자를 만들 수 있다. 다섯 번째 쿼크인 보텀 쿼크의 질량은 약 $5GeV/c^2$로서 양성자의 다섯 배에 이른다. 힉스 보손의 질량은 $126GeV/c^2$이므로 주석 원자보다 더 무겁고, 지금까지 발견된 가장 무거운 쿼크인 톱 쿼크의 질량은 약 $170GeV/c^2$로서 철 원자 세 개보다 더 무겁다. 그래서 이런 입자들을 만들어내기 위해서는 엄청나게 높은 에너지 상태가 필요했다.

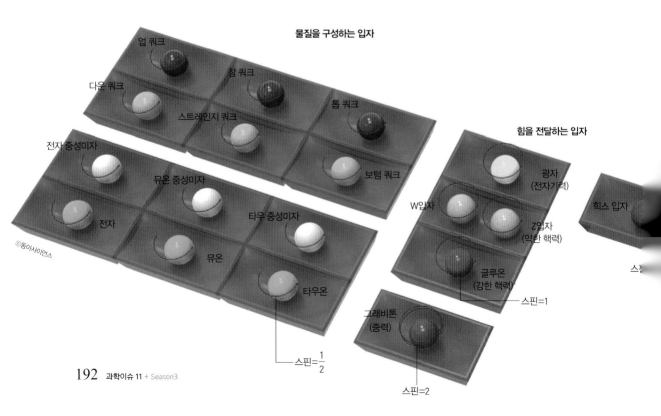

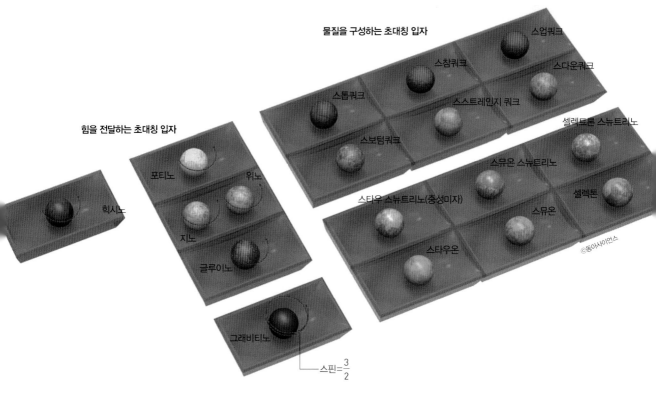

힘을 전달하는 초대칭 입자

힉시노

포티노

위노

지노

글루이노

그래비티노

스핀=$\frac{3}{2}$

물질을 구성하는 초대칭 입자

스업쿼크

스참쿼크

스다운쿼크

스톱쿼크

스스트레인지 쿼크

스보텀쿼크

셀렉트론 스뉴트리노

스뮤온 스뉴트리노

스타우 스뉴트리노(중성미자)

셀렉톤

스뮤온

스타우온

©동아사이언스

다른 관점에서 보면, 에너지의 스케일과 길이의 스케일은 서로 반비례 관계에 있다. 즉 높은 에너지 상태란 극히 작은 거리에서 일어나는 현상을 의미한다. 매우 빠른 속도로 충돌했으므로, 두 입자가 극히 가까운 거리까지 접근했다고 생각하면 이해하기가 더 쉬울 것이다.

이제 정리해 보면 우리가 가속기에서 입자를 높은 에너지로 가속시켜서 충돌시키는 일은 높은 에너지에서 일어나는 현상, 다른 말로 하면 아주 작은 거리에서 일어나는 현상을 관찰하기 위한 것이다. 높은 에너지에서 일어나는 현상의 대표적인 경우가 바로 $E=mc^2$에 의해 높은 에너지에 상당하는 아직 발견되지 않은 무거운 입자를 새로 만들어내는 일이다. 또한 빅뱅 우주론에 따라 생각해보면 우주가 빅뱅에 의해 처음 태어났을 때의 상태는 극히 작은 크기 안에 모든 에너지가 응축된 아주 높은 에너지 상태다. 따라서 가속기에서 만들어내는 충돌 현상은 바로 빅뱅 직후의 우주의 초기 상태를 재현하는 것이라고도 할 수 있다. 2015년부터 가동되는 LHC는 이런 목적을 수행하기 위한 현존하는 유일한 실험 장치다. LHC는 앞으로 적어도 수년 간 가동되면서 새로운 현상을 계속 탐구할 것이다.

현재 계획되고 있는 또 다른 거대 가속기는 일본이 주도적으로 추진하고 있는 국제 선형가속기 (International Linear Collider, ILC)다. LHC가 양성자를 가속시켜서 서로 충돌시키는 장치인 반면 ILC는 전자와 전자의 반입자인 양전자를 가속시켜서 충돌시키는 장치다. 또한 LHC가 원형의 가속기인데 반해 ILC는 이름 그대로 직선 모양의 가속기다. 가속기를 직선 모양으로 만들면 높은 에너지를 내려고 계속 가속시킬 때마다 가속 장치를 더해야 하므로 가속기가 엄청나게 커지게 된다. 또한 한 번 충돌한 입자 빔은 더 이상 사용할 수 없으므로 빔의 광도가 상대적으로 작다. 대신 직선으로 가속되므로 빔의 조종이 쉽고 빔의 상태를 조정할 수 있다. 특히 입자의 질량이 작을수록 원형으로 움직일 때 전자기파를 방출하는 데 따르는 에너지 손실이 크기 때문에 전자를 높은 에너지로 가속할 때는 선형 가속기가 더 효율적이다. 현재 일본은 ILC의 부지까지 선정해 놓고 국제 협력을 조정 중에 있다. 현재 계획되고 있는 ILC의 크기는 30km가 넘으며 충돌 에너지는 500GeV 이하다. 이 에너지 값은 우선 힉스 보손을 대량으로 만들어내기 위한 것이다.

LHC를 운용하는 유럽입자물리학연구소 CERN은 LHC 다음의 계획으로 LHC보다 약 3~4배 더 거대한 새로운 가속기를 구상 중이다. 또한 중국 베이징의 고에너지물리학연구소

자발적 대칭성 깨짐

힉스 메커니즘을 일으키는 원인은 힉스 장(field)이다. 힉스 장이 존재할 수 있는 에너지 상태는 퍼텐셜이라는 함수와 그것을 시각화한 그림으로 표현할 수 있는데, 그 모양에 따라 힉스 장의 물리적인 바닥상태(가장 안정적인 상태)가 달라진다. 이때 힉스장의 퍼텐셜 자체는 게이지 대칭성을 유지하지만(아래 그림의 바닥 모양) 그에 따른 물리적 바닥상태(공의 위치)는 전혀 대칭적이지 않아서 게이지 대칭성을 깨는 경우가 있다. 이런 현상을 자발적 대칭성 깨짐이라고 부른다.

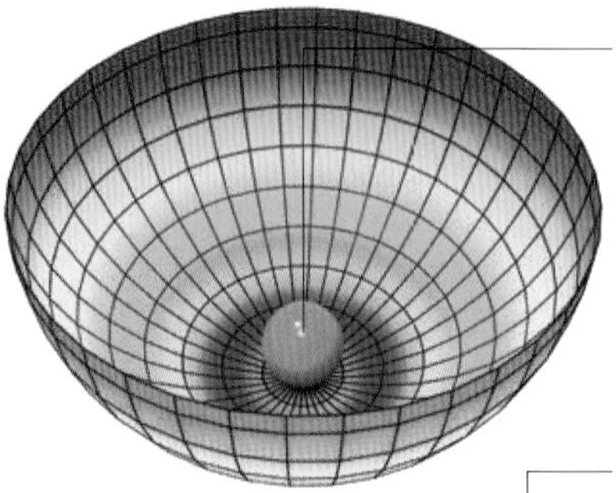

공의 위치와 에너지 바닥 상태가 모두 대칭이다.

©동아사이언스

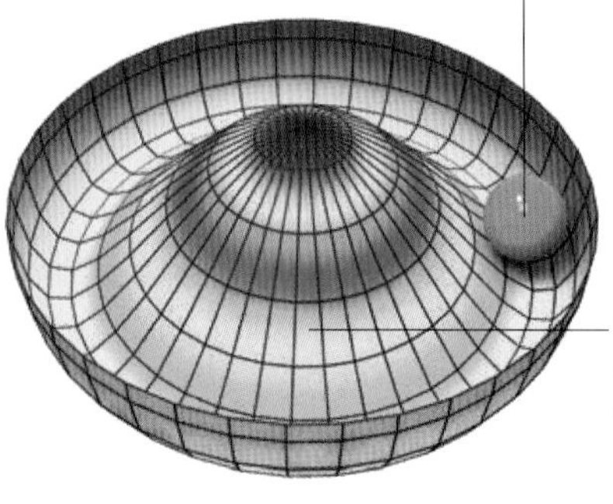

공의 위치는 대칭이 아니다.

힉스장이 존재할 수 있는 에너지 상태 자체는 대칭이다.

(Institute of High Energy Physics, IHEP)의 과학자들도 2028년까지 LHC의 약 2배 크기의 거대 가속기를 만드는 계획을 이야기하고 있다. 이들 전자—양전자 가속기들도 우선 제1의 목표는 힉스 보손을 대량으로 만드는 것이다.

이러한 가속기에서 만들어지는 높은 에너지 상태는 아직까지 인간이 관찰해 보지 않은 영역이므로 무슨 일이 일어날지 아무도 모른다. 일단, 목표로 삼고 있는 새로운 물리 현상은 여러 가지가 있다. 그중 대표적인 것은 초대칭 이론, 여분의 차원 이론, 대통일 이론 등이다. 이들 새로운 물리학 이론은 새로운 대칭성이나 시공간의 구조를 가정하고 있으며, 지금까지 발견되지 않은 여러 종류의 입자나 새로운 현상을 예측하고 있다. 따라서 이들 이론이 예측하고 있는 새로운 입자나 현상을 관측하게 된다면, 이는 우리가 더 근본적인 이론을 알게 되었고, 더 심오하게 물질의 본질을 이해하게 되었다는 것을 의미할 것이다.

우주의 신호 : 하늘에서 그리고 땅에서

1) 암흑물질

20세기 후반에 들어서 가장 활발하게 발전하고 있는 과학 분야로 우주론을 꼽을 수 있다. 우주론은 재현해서 실험할 수 없다는 한계 때문에 오랜 동안 정량적인 예측이 거의 이루어지지 못해서, 과학이라기보다 여전히 자연 철학의 한 분야로 여겨져 왔다. 그러나 일반 상대성 이론과 빅뱅 우주론의 발전 그리고 기술의 발전에 따라 이제 우리 우주에 대해서도 많은 정량적인 지식이 쌓이고 있다. 어떤 사람들은 이제 정밀 우주론(Precision Cosmology)의 시대가 열렸다고 말하기도 한다. 특히 초기 우주를 이해하기 위해서 입자물리학과 우주론, 그리고 천체물리학이 현재 밀접하게 연관을 맺고 발전하고 있다. 우리가 우주에서 발견하는 현상이 초기 우주에서 온 것이라면 이는 기본입자의 상호작용에 의한 것이므로 이를 이해하기 위해서는 입자물리학의 지식이 필요하고,

입자물리학 119년의 역사
전자에서 힉스까지

입자물리학은 이론과 실험이 상호작용하면서 발전했다. 그 과정에
천재적인 이론물리학자의 착상과 아이디어도 있었지만, 정교하고 기발한
실험을 고안하고 이것을 거대한 장비를 통해 구축한 실험물리학자의 뚝심도
중요했다. 입자물리학이 성립하고 발전한 119년의 역사를 정리해 봤다.
검은색은 입자 자체를 발견한 역사다. 파란색은 관련한 이론의 발전사다.
붉은색은 주요한 실험장비, 특히 입자물리학의 가장 강력한 무기인 가속기다.

ⓒ동아사이언스

엑스선 발견
(빌헬름 뢴트겐) :
광자의 흔적.

1895

방사선 발견
(앙리 베크렐).

1896

중간자 이론 제안
(유카와 히데키).

1947	1947	1936	1935	1932
최초의 선형가속기 마크 Ⅰ(스탠퍼드대).	파이온 발견(세시 포웰), 케이온 발견(클리포드 버틀러 등) : 진짜 중간자 발견. 뮤온은 중간자라는 오해를 벗음.	뮤온 발견(세스 네더메예르, 칼 앤더슨 등) : 1947년까지 중간자(파이온)로 잘못 알려져 있었음.	중간자 이론 제안 (유카와 히데키).	중성자 발견(채드윅), 양전자 발견(칼 앤더슨) : 핵자 및 반입자 검출 성공.
유럽입자물리연구소 (CERN) 설립.	반양성자 발견 (오웬 챔벌레인 등) : 양전자에 이은 반입자.	전자 중성미자 발견 (클라이데 코완 등) : 최초의 중성미자.	뮤온 중성미자 발견 (레온 레더만 등).	스탠퍼드국립가속기 연구소(SLAC) 설립.
1954	**1955**	**1956**	**1962**	**1962**

W 및 Z 입자 발견
(카를로 루비아 등) :
약한 상호작용
매개 입자 발견.

1992	1989	1989	1983	1983
독일전자싱크로트론 헤라(HERA).	유럽입자물리연구소 거대전자양전자충돌기 (LEP).	스탠퍼드선형충돌기 (SLC) 건립. Z입자 생성 실험.	페르미연구소 테바트론 가동 시작.	
톱 쿼크 발견 (미국국립페르미연구소) : 무거운 입자로 발견이 늦었음.	반수소 제조 및 측정 (CERN) : 반물질 제조 단계에 진입.	일본고에너지연구기구 (KEK) KEKB 가동.	타우 중성미자 관측 (미국국립페르미연구소).	미국 브룩헤이븐연구소 RHIC 가동.
1995	**1995**	**1999**	**2000**	**2000**

전자 발견(조셉 톰슨) :
음극선 연구. 최초로
발견된 기본 입자.

알파입자(헬륨 원자핵)
발견(어니스트 러더퍼드) :
방사선의 정체가
원자핵임을 발견.

감마선 발견
(폴 빌라르) :
고에너지 광자.

핵물리학의
시대 돌입.

1897　　　**1899**　　　**1900**　　　**1911**　　　**1911**

원자핵 모형(러더퍼드) :
핵의 시대 돌입.
하지만 핵은
기본 입자가 아니었다.

전자 중성미자
존재 예측
(볼프강 파울리) :
전자 외의 경입자 제안.

양전자 존재 예측
(폴 디랙) : 디랙,
특유의 천재성으로
최초의 반입자 제안.

중성자 존재 예측
(러더퍼드) : 전기적으로
중성인 입자가
추가로 있음 예상.

양성자 발견(러더퍼드) :
핵 내부 핵자 발견.
하지만 핵자도
기본 입자가 아니었다.

1933　　　**1927**　　　**1920**　　　**1919**　　　**1919**

핵자의 시대
돌입.

표준모형의 얼개 완성.
W 및 Z 입자 예측
(스티븐 와인버그,
압두스 살람 등) :
힉스 메커니즘을 토대로
약한 상호작용
매개 입자 제안.

SLAC 가속기 가동.

1964　　　**1964**　　　**1964**　　　**1966**　　　**1967**

힉스 입자 예측
(피터 힉스 등) :
힉스 메커니즘의 결과로
나오는 입자 제안.

힉스 메커니즘 탄생 :
입자가 질량을
지닐 가능성.

업쿼크, 다운쿼크,
스트레인지쿼크 예측
(머리 겔만 등) :
핵자 안의 쿼크가
기본입자로 발견.

바텀쿼크 발견
(레온 레더만 등).

타우 경입자 발견
(마틴 펄) :
새로운 경입자 발견.

1979　　　**1977**　　　**1975**　　　**1974**　　　**1969**

글루온 간접 관측
(독일전자싱크로트론
DESY) : 강한 상호작용과
관련한 매개 입자.

참쿼크 발견
(사무엘 딩 등)

업쿼크 발견(SLAC).

반헬륨 제조 및 측정
(STAR연구팀) :
수소보다 무거운
반물질 국제 연구팀의
연구로 성공.

새 입자 관측(CERN) :
125GeV/c²에서
힉스 입자로 예상되는
입자 관측(CERN).

표준모형의
사실상 증명.

피터 힉스 및
프랑수아 앙글레르
노벨 물리학상 수상.

2008　　　**2011**　　　**2012**　　　**2012**　　　**2013**

CERN LHC 가동.

천체 현상이라면 천체물리학과 천문학 지식이 필요할 것이기 때문이다. 그 대표적인 주제가 바로 암흑물질이다.

암흑물질은 1930년대에 프리츠 츠비키(Fritz Zwicky)가 코마 은하단(Coma galaxy cluster)에 포함된 은하들의 움직임을 연구하면서, 은하단의 질량이 관측된 은하들의 질량을 모두 합한 것보다 훨씬 무겁다는 것을 발견한 것이 최초의 실마리였다. 츠비키는 자신의 관측 결과를 설명하기 위해서는 은하단에 '보이지 않는' 많은 양의 물질이 있어야 한다고 제안했다. 이 가설은 오랫동안 관심을 끌지 못했지만, 1970년대에 베라 루빈(Vera Rubin)과 켄트 포드(Kent Ford) 등이 나선 은하에 속해 있는 별들의 회전 속도를 측정한 결과, 은하가 엄청나게 많은 보이지 않는 물질 속에 잠겨 있는 것처럼 보인다는 것이 알려지면서 보이지 않는 물질은 본격적으로 과학의 무대 위에 등장하게 된다. 현재 암흑물질의 존재를 가리키는 현상은 은하와 관련된 여러 현상 및 중력 렌즈 효과 등에서 다양하게 발견되고 있다.

1989년 NASA가 발사한 우주 배경복사 탐사위성(COsmic Background Explorer, COBE)을 비롯해서, 2001년 발사된 윌킨슨 마이크로파 비등방성 측정 장치(Wilkinson Microwave Anisotropy Probe, WMAP), 유럽 우주국이 2009년 발사한 플랑크 (Planck) 등은 모두 위성에 실려 빅뱅의 흔적인 우주 마이크로파 배경복사의 온도를 모든 방향에 걸쳐 측정하여 우주 배경복사의 분포를 알아내는 우주망원경이다. 이 측정의 결과로 알아낸 초기 우주 상태에 따르면, 우리가 보고 있는 별과 은하는 현재 우주 전체 에너지의 약 0.5%에 불과한 반면 보이지 않는 물질의 양은 약 28%에 이른다. 특히 이 중 약 4%는 원자로 이루어진 물질이지만 나머지 24%는 원자로 이루어진 것도 아닌, 지금으로서는 전혀 알

생전에 강의 중인 고 이휘소 박사. 일제강점기 시절 서울에서 태어난 그는 미국으로 이민간 한국계 미국인으로, 1960~70년대 입자물리학의 세계적 대가였다. 오늘날 강력한 암흑물질 후보로 꼽히는 '윔프'도 그의 아이디어가 시초로 꼽힌다.

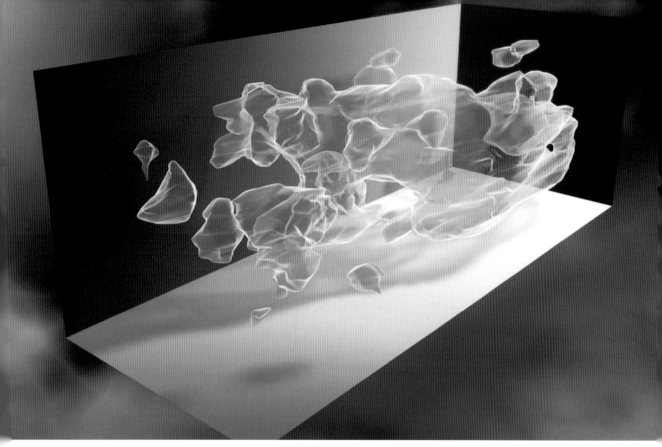

허블 우주 망원경이 측정한 약한 중력 렌즈 효과로 예상한 암흑물질의 3D 지도.

수 없는 존재다.

허블 우주 망원경이 촬영한 아벨 1689 은하단에서는 암흑 물질에 의한 중력 렌즈 효과를 관찰할 수 있다.

암흑물질은 대체 무엇이며, 왜 보이지 않는 것일까? 입자물리학의 표준모형을 이루는 입자들은 힉스 보손까지 모두 발견되었고 그 성질이 밝혀졌다. 따라서 표준모형에는 암흑물질이 될 수 있는 입자가 없고, 표준모형은 암흑물질을 설명할 수가 없다.

암흑물질이란 특정한 물질의 종류를 가리키는 것이 아니라 보이지 않으면서 우주에 가득 차있는 무언가를 통칭하는 이름이다. 암흑물질이 존재한다는 것은 우주가 우리가 보는 별들보다 훨씬 많은 물질이 있는 것처럼 행동하지만 그러한 물질이 우리 눈에는 보이지 않는다는 뜻이다. 현재 우리는 암흑 물질이 있다는 것은 알지만 그것이 무엇인지

윔프

액시온

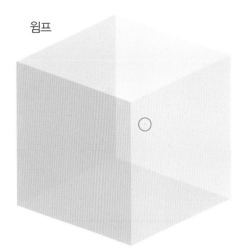

©동아사이언스

PHYSICAL REVIEW LETTERS

VOLUME 39   25 JULY 1977   NUMBER 4

Cosmological Lower Bound on Heavy-Neutrino Masses

Benjamin W. Lee[(a)]
Fermi National Accelerator Laboratory,[(a)] Batavia, Illinois 60510

and

Steven Weinberg[(r)]
Stanford University, Physics Department, Stanford, California 94305
(Received 13 May 1977)

The present cosmic mass density of possible stable neutral heavy leptons is calculated in a standard cosmological model. In order for this density not to exceed the upper limit E of 2×10^{-29} g/cm^3, the lepton mass would have to be *greater* than a lower bound of the order of 2 GeV.

There is a well-known cosmological argument[1] against the existence of neutrino masses greater than about 40 eV. In the "standard" big-bang cosmology,[2] the present number density of each kind of neutrino is expected[3] to be $\frac{4}{11}$ the number density of photons in the 3°K black-body background radiation, or about 300 cm^{-3}; hence if the neutrino mass were above 40 eV, their mass

neutrinos are known to be lighter than 1 MeV. However, heavier stable neutral leptons could easily have escaped detection, and are even required in some gauge models.[5] In this Letter, we suppose that there exists a neutral lepton L^0 (the "heavy neutrino") with mass well above 1 MeV, and we assume that L^0 carries some additive or multiplicative quantum number which keeps it

고 이휘소 박사가 스티븐 와인버그와 공동으로 낸 1977년 논문(왼쪽).
7월 25일에 게재됐지만, 이미 이 박사는 한 달 전 유명을 달리 한 뒤였다. 위쪽은 대표적인 암흑물질 후보 윔프와 액시온의 비교도. 윔프는 이름 그대로 무거운 입자 하나가 암흑물질의 역할을 하지만(위 왼쪽 빨간 원), 액시온은 아주 가벼운 입자가 100조 개 모여 중력원으로 작용한다.

는 모른다. 우리가 알고 있는 물리학만 가지고는 암흑물질의 정체를 설명할 수 없다. 그러므로 암흑물질이 정말 무엇인지, 어떤 성질을 가지고 있는지는 우리가 아직 알지 못하는, 우주를 지배하는 진짜 법칙이 무엇인지에 달려 있다. 뒤집어 말하면, 암흑물질이 무엇인지 알아낸다면 우주의 진짜 법칙을 찾아내는 실마리를 얻을 수 있을 것이다. 그러기 위해서 천문학자, 천체물리학자 그리고 입자물리학자들은 현재 열광적으로 암흑물질 연구에 몰두하고 있다.

암흑물질을 관측하려는 시도는 하늘과 땅에서 다양한 방법으로 이루어진다. 암흑물질을 검출하는 방법은 암흑물질과 물질과의 직접적인 상호작용을 이용하는 방법과 암흑물질이 자체적으로 상호작용을 하고 나오는 신호를 검출하는 간접적인 방법으로 크게 나눌 수 있다. 직접적인 상호작용을 이용한다는 것은 암흑물질과 매질의 원자핵 혹은 전자가 상호작용할 때 나오는 신호를 포착하는 것을 의미하고, 간접적인 방법은 주로 암흑물질이 쌍소멸 하면서 만들어지는 입자를 검출하는 일이다.

허블 우주 망원경이 촬영한 아벨 1689 은하단에서는 암흑물질에 의한 중력 렌즈 효과를 관찰할 수 있다.

덧붙이자면 우리는 암흑물질과 물질의 상호작용도, 암흑물질 자체의 상호작용도 전혀 알지 못하기 때문에 암흑물질 실험을 설계할 때는 항상 특정한 이론적 배경을 가정해야 한다. 따라서 암흑물질 검출 실험은 언제나 '특정한 모델이 제안하는 암흑물질'에 관한 실험이다. 재미있는 것은 이론물리학자들이 지금까지 제안한 초대칭 이론이나 다른 차원 모델 등 많은 이론적 모델들은 이미 암흑물질이 될 수 있는 입자를 예측하고 있다는 점이다.

최근 주목할 만한 결과를 내놓은 암흑물질 검출 실험은 국제 우주 정거장에 설치된 입자물리학 실험 장치인 AMS-02(Alpha Magnetic Spectrometer)다. 이 실험은 우주선(cosmic ray) 중의 반물질을 검출해서 암흑물질의 증거를 찾는 것이 그 목적이다. AMS-02는 우주 공간이라는 특수한 환경에서 작동하도록 설계된 최신 기술의 집약체로, 16개국에서 온 60개 연구소로 이루어진 국제 공동 실험이며 주로 미국 에너지성(DOE)의 후원으로 수행되고 있다. 이 실험의 주관 연구소는 미국의 존슨우주센터(Johnson Space Center)에 설치되어 있는데, 존슨우주센터는 실험장치가 스페이스 셔틀과 우주정거장에 설치되기에 적절한지 점검하고 감독하는 역할도 맡고 있다.

이 실험은 MIT 교수이며 1976년 노벨 물리학상 수상자인 새뮤얼 팅(Samuel C. C. Ting)이 1995년 처음 제안했고, 현재까지 주도하고 있다. 우선 현재 실험장치의 시제품 격인 AMS-01이 제작되어 1998년 6월에 디스커버리 호에 실려 우주공간으로 나가서 예비 실험을 했다. 이 실험이 성공적으로 완수되자 곧 AMS-02의 개발이 시작되었는

새뮤얼 팅 박사

데, 여러 문제로 연기를 거듭한 끝에 마침내 엔데버 호에 실려 2011년 5월 발사되었다.

2013년 3월 30일 CERN에서 열린 세미나에서 팅은 AMS-02가 관측한 결과를 처음으로 공개했다. 2011년 5월 19일 국제우주정거장에 설치된 AMS-02는 2012년 12월 10일까지 18개월 동안 약 1조 전자볼트 정도까지의 범위에서 약 250억 개의 우주선을 관측하고 분석해서 전기를 띤 입자를 골라냈다. 특히 관심을 집중하고 있는 신호는 전자의 반입자인 양전자(positron)다. 양전자는 보통의 천체 현상에서는 거의 발생하지 않기 때문에 새로운 현상의 증거일 가능성이 크기 때문이다. AMS-02가 검출한 양전자는 약 40만 개에 이르는데, 모든 방향에서, 계속 일정하게 검출되고 있다. 이를 이용해서 AMS-02는 양전자 대 양전자와 전자를 합친 양의 비를 측정했는데, 이 값은 양전자와 전자의 에너지가 증가함에 따라 0.5GeV에서 10GeV까지는 감소하다가 10GeV에서 250GeV까지는 점차 증가하고 있다. 관건은 250 GeV 이상의 에너지 영역 어디에선가 이 비가 급격하게 줄어들 것인가 하는 점이다. 만일 그렇다면 그 질량에 해당하는 물질이 붕괴해서 양전자가 발생했다는 증거가 되기 때문이다. 그 정도의 질량을 가지는 입자는 표준모형에 없으므로, 이는 곧 새로운 입자의 발견을 의미한다. 우주에서 날아오는 새로운 입자의 신호라면 곧 암흑물질이 아닐까? 아직 이 영역에서는 데이터가 부족해서 결론을 내릴 수는 없지만 매우 흥미로운 가능성이 아닐 수 없다.

앞으로 AMS-02는 매년 약 160억 개의 우주선을 측정하면서 우주정거장과 수명을 같이할 것이다. 최종적으로는 1000억 개가 넘는 우주선을 측정할 예정이며, 그렇게 되면 우리는 우주에 날아다니는 양전자에 무언가 특별한 것이 있는지에 대해 알게 될 것이다.

우주에서 암흑물질의 신호를 간접적으로 찾는 실험으로는 그 외에도 감마선을 검출하는 Fermi, AMS처럼 양전자 등을 검출하는 PAMELA 등이 현재 활동 중이고 각각 의미 있는 결과를 내놓기 시작하고 있으며, 지상에서도 높은 에너지의 중성미자 검출기인 IceCube나 ANTARES를 통해서 다양한 방법으로 수행되고 있다.

암흑물질을 직접적으로 측정하는 방법은 암흑물질이 원자와 상호작용할 때 흡수하는 에너지를 열로 검출하는 저온 검출기 타입과, 상호작용하며 나오는 광자를 검출하는 액체 검출기 타입이 있다. 이들 검출기는 모두 극히 미세한 신호를 감지해야 하므로 다른 우주선으로부터 가능한 한 보호하기 위해 지하 깊숙이 설치되는 경우가 대부분이다. 저온 검출기는 보통 0.1K 이하의 극저온에서 암흑물질에 의해 생긴 열을 포착하게 되는데, 미국 미네소타 주의 수단 광산에 설치된 CDMS를 비롯해서 유럽 여러 나라가 공동으로 참여해서 이탈리아의 그랑사소 지하에서 수행하고 있는 CRESST, 프랑스와 이탈리아 경계의 지하 1800미터에 위치한 프레주스 터널에 위치한 EDELWEISS, CRESST와 EDELWEISS 연구진이 참여해서 계획 중인 EURECA 등이 있다. 한편 액체 검출기는 액체 제논이나 아르곤을 이용해서 암흑물질이 원자핵이나 전자와 상호작용할 때 발생하는 미세한 섬광을 검출한다. 이탈리아 그랑사소의 XENON, DarkSide, WARP, 미국 사우스다코타 주

1998년 6월에 디스커버리 호에
실려 우주로 날아간 AMS-01

의 홈스테이크 광산에 설치된 LUX, 캐나다 서드베리의 DEAP 등 세계 각지에서 여러 액체 검출기 실험들이 수행되었고, 지금도 수행되고 있거나 계획 중이다.

이외에도 LHC를 비롯한 가속기에서 직접 암흑물질을 만들어서 검출하는 연구도 병행되고 있다. 암흑물질을 찾는 일은 지금까지 우리가 알지 못했던 세계로 한 발자국 걸어 들어가는 일이다. 새로운 세기를 맞아, 많은 물리학자들은 암흑물질을 이해하기 위해서 하늘에서, 땅에서 그리고 연구실의 책상 위에서 모든 노력을 경주하고 있다.

2) 중성미자

입자물리학의 표준모형은 거의 완전히 검증되었다. 그러나 표준모형이 우주의 모든 것을 설명해주지는 못하며 여러 가지 설명하지 못하는 부분, 그리고 자연스럽지 못한 면을 가지고 있다. 표준모형이 부족한 점으로는 앞서 이야기한 암흑물질에 해당하는 물질이 없다는 점, 입자와 반입자 사이의 비대칭성을 설명하지 못하는 점 등이 있는데 그중에서도 가장 먼저 떠올려야 하는 것은 중성미자의 질량 문제다.

표준모형에서는 중성미자의 질량이 정확히 0으로 정해지기 때문에, 현재 알려진 중성미자의 진동 현상을 설명할 수가 없다. 여기서 진동이란 중성미자 자체가 진동한다는 것이 아니라, 몇 번째 렙톤과 짝을 이루는가 하는 중성미자의 성질이 진동한다는 뜻이다. 즉 전자로부터 만들어진 중성미자가 뮤온과 결합하는 중성미자로 변하기도 하고 타우 렙톤과 결합하는 중성미자로 변하기도 한다는 뜻이다. 이는 중성미자가 질량이 있으면 양자역학에 의해 자연스럽게 나타나는 현상이다.

중성미자의 진동을 의미하는 실험 결과는 오래전부터 여러 곳에서 나타났다. 2002년 노벨 물리학상을 받은 데이비스(Raymond Davis, Jr)의 업적은 태양으로부터 날아온 중성미자를 검출한 것이었는데, 이 실험에서 검출된 중성미자는 우리가 알고 있는 태양의 구조로부터 만들어지는 중성미자의 약 1/3에 불과했다. 또한 우주에 날아다니는 입자가 대기권과 충돌할 때 만들어지는 중성미자는 중간에 뮤온이 만들어졌다가 다시 전자로 붕괴하면서 발생하므로 뮤온의 생성과 붕괴에서 각각 뮤온 중성미자가, 전자의 생성 과정에서 전자 중성미자가 발생하게 되어, 뮤온 중성미자와 전자 중성미자가 2:1의 비로 생성되어야 한다. 그러나 오랜 동안 이 값을 측정한 결과가 예상과 다른 것으로 알려졌다. 1998년 일본의 수퍼-카미오간데 검출기에서는 대기권에서 만들어지는 중성미자를 정밀하게 검출해서 뮤온 중성미자가 타우 중성미자로 진동한 결과와 잘 맞는다는 것을 보였고, 곧이어 캐나다 서드베리의 SNO 실험에서 더욱 자세한 결과가 밝혀졌다. 여러 다른 실험 결과를 종합한 결과 현재는 중성미자가 진동하고 있음이 거의 확실하게 증명되었고, 진동하는 패턴도 날로 정확하게 측정되고 있다. 특히 원자력 발전소에서 발생하는 전자 중성미자가 타우 중성미자로 진동하는 것을 측정하는 실험에서는 영광 원자력 발전소 인근에서 수행된 우리나라의 RENO 실험이 최초로 데이터를 얻기도 했다.

현재 중성미자의 진동 모습은 어느 정도 윤곽을 알게 되었다고 할 수 있다. 그러나 근본적으로 중성미자의 질량이 어떤 형태인지는 여전히 모른다. 그러므로 중성미자의 질량을 자연스럽게 이론적으로 설명하는 일은 현재 입자물리학의 가장 중요한 과제다. 방금 '자연스럽게'라는 표현을 썼는데, 이 말의 뜻은 이렇다. 단순히 표준모형에 중성미자의 질량을 다른 입자처럼 써넣는 일이라면 언제든지 할 수 있으며, 또 그렇게 해서 안 된다고는 할 수 없다. 그러나 중성미자의 질량은 다른 입자와는 대단히 다른 점이 두 가지 있다. 이를 설명할 수 있어야 자연스러운 설명이라고 할 수 있을 것이다.

첫째로 중성미자의 질량은 대단히 작다. 어느 정도 작은가 하면, 가장 무거운 톱 쿼크와 비교하면 1000억 분의 1 이하, 가장 가벼운 전자와 비교해도 100만 분의 1 이하일 정도다. 표준모형의 입자들의 질량은 모두 힉스 보손의 진공 기댓값에 의해서 정해지는데, 만약 중성미자의 질량도 그 근원이 같다면 왜 이렇게 작은 값일까? 이것이 그냥 우연일 뿐일까?

두 번째로 중성미자는 전기적으로 중성인 입자라서 입자 자체가 스스로의 반입자가 될 수 있다. 이런 입자를 마요라나(Majorana) 입자라고 부른다. 이 이름은 그런 성질의 입자를 연구했던 이탈리아의 물리학자 마요라나의 이름을 딴 것이다. 그런데 중성미자의 질량이 매우 작을 때에는 중성미자가 마요라나 입자인지 확인하는 일이 대단히 어렵다. 이를 이론적으로 설명하고 실험적으로 증명하는 일이 현재 중성미자의 물리학에서 가장 중요한 주제 중 하나다.

중성미자는 상호작용을 거의 하지 않는다는 특별한 성질 때문에 천체물리학에서도 점점 더 관심을 끌고 있다. 다른 입자가 주지 못하는 정보를 가지고 있기 때문이다. 이런 의미에서 높은 에너지의 중성미자를 검출하는 IceCube 실험이 최근 관심을 받고 있다. 이 실험은 실험 자체만으로도 흥미를 끌기 충분한 요소를 가지고 있다. 남극의 거대한 얼음을 검출기로 사용하는 실험이기 때문이다. IceCube 실험은 남극의 얼음에 2km가 넘는 깊이로 구멍을 뚫고 중간 중간에 검출기를 매단 케이블을 집어넣은 형태로 구성되었다. 이렇게 되면 거대한 얼음 매질 속에 검출기가 격자 형태로 설치된 셈이다. IceCube 실험은 2010년 12월에 완성되어 실험을 시작했는데, 2013년까지, 태양계 바깥에서 날아온 중성미자를 최소한 28개 검출했고 그중 몇 개는 이전에 보지 못한 엄청나게 높은 에너지를 가진 중성미자라고 최근 발표했다. 앞으로 IceCube 실험은 중성미자의 여러 양상 및 암흑물질과 초신성 등을 연구하는데 중요한 역할을 할 것이다.

또한 중성미자의 진동을 더 정밀하게 측정하고, 또 다른 중성미자가 존재하는지 등을 확인하기 위해 가속기에서 만들어낸 중성미자를 수백 km 떨어진 검출기에서 검출하는 원거리 실험(long-baseline experiment)도 세계 여러 곳에서 수행되고 있다. 중성미자 실험의 선두 국가인 일본의 T2K 실험, 미국의 MINOS, 유럽의 OPERA 등이 대표적인 원거리 실험이다. 이들 실험을 통해 중성미자 진동에 대해 더 정확한 데이터를 얻게 되면 우리가 앞으로 올바른 중성미자 이론을 가졌는지를 더욱 확실히 검증할 수 있을 것이다.

지금까지 21세기에 입자물리학 분야에서 일어나고 있고 앞으로 일어날 중요한 주제 몇 가지를 살펴보았다. 입자물리학은 인간이 자연에 대해서 얻는 지식 중 가장 먼 경계에 해당하는 지식이며, 우리가 우리 우주를 이해하고 있는 정도를 말해주는 근본적인 척도다. 금세기에는 인간이 우주의 가장 깊은 진리에 얼마나 가까이 다가가게 될지 흥분과 떨림으로 기대해 본다.

입자물리학